Venkata Subba Rao Yeragudipati

Almanaque indiano infalível

Venkata Subba Rao Yeragudipati

Almanaque indiano infalível

ScienciaScripts

Imprint

Cover image: www.ingimage.com

This book is a translation from the original published under ISBN 978-3-659-83299-4.

Publisher:
Sciencia Scripts
is a trademark of
Dodo Books Indian Ocean Ltd. and OmniScriptum S.R.L publishing group

120 High Road, East Finchley, London, N2 9ED, United Kingdom
Str. Armeneasca 28/1, office 1, Chisinau MD-2012, Republic of Moldova, Europe
Printed at: see last page
ISBN: 978-620-7-85769-2

Índice:

THE

INFALLIBLE INDIAN ALMANAC

Y. V. SUBBA RAO

Ph.D., FIE., C.Eng(I)

2017

== O

ÍNDIO INFALÍVEL

ALMANAQUE

Y. V. SUBBA RAO

Ph.D., FIE, C.Eng (I)

2017

The Author respectfully dedicates this work to the lotus feet of their family deity, Sri Venkateswara Swāmivaru of Tirumala

Om! Jyotishyāya Namaha

SALUTAÇÕES

Com toda a humildade, apresento as minhas saudações aos melhores intelectos e homens ilustres da Índia antiga, tais como: Parasara, Gargi, Surya, Vyasa, Vasistha, Atri, Kasyapa, Jaimini, Varahamihira, Manu, Bhrigu, Arya Bhatta, Satyacharya, Vidyaranya, Yavanacharya, e muitos outros, que disseram a última palavra sobre o tema da astrologia e me abençoaram para desenterrar a génese da Ciência da Astrologia que foi assiduamente cultivada por eles. A Astrologia Védica no Zodíaco Móvel é uma exposição do lançamento do Único horóscopo astronomicamente correto para a adivinhação astrológica, baseado no Zodíaco Móvel, e a adaptação a ele do Único método de progressão astrologicamente bem sucedido, baseado no período planetário, inaugurando assim o Renascimento da Astrologia na própria terra da sua glória.

Os Vedas prevêem quatro objectivos (Purusharthas), a saber, Dharma (Retidão), Artha (Riqueza), Kama (Desejo) e Moksha (Libertação) para que os seres humanos encontrem a sua realização na vida terrena e o nosso Sistema Solar representa este propósito. Uma reação sábia ao destino é esgotá-lo através da sua experiência. Deve-se utilizar o livre arbítrio para fazer um karma "nishkama" novo e independente e não dirigir o livre arbítrio para frustrar o destino que é inalterável. É esta convivência harmoniosa entre o destino e o livre arbítrio que fará com que o homem evolua espiritualmente mais alto, caminhando para a libertação. A astrologia védica ajuda a decifrar os períodos de tempo do "destino" e do "livre arbítrio" no horóscopo de uma pessoa.

Chennai, Y. V. Subba Rao
22nd março, 2017

INVOCAÇÃO

अन्य क्षेत्रे कृतं पापं पुण्य क्षेत्रे विनश्यति ।

पुण्य क्षेत्रे कृतं पापं ब्रह्मलोके न नश्यति ॥

anyakshetre kritam papam punyakshetre vinasyati I
punayakshetra kritam brahmaloke na nasyati II

Tradução: O pecado cometido em qualquer outro lugar é deixado de lado em Puny a Kshetram (centro sagrado ou qualquer santuário); o pecado cometido em Punya Kshetram não é deixado de lado nem mesmo em Brahmaloka.

सोमसूर्यस्तृचरितं विद्वान वेदविदश्नुते।

सोमसूर्यस्तृचरितं लोकं लोके च सन्ततिम ॥४३॥

---R-VJ 30; Y-VJ 43

Tradução: Aquele que aprendeu os Vedas e que também aprendeu este conhecimento do movimento da Lua, do Sol e das Estrelas desfrutará, após a morte, da permanência no mundo onde a Lua, o Sol e as estrelas têm o seu ser, além de ter, neste mundo, uma descendência interminável.

स्फुतगणितविदिह लब्धा धर्माऽर्थयशांसि दिनकरादीनाम ।

कुकरणकारस्सत्यं सहते नरके कृताऽऽवासाः ॥ ३७ ॥

-- Panchasiddhantika de Varahamihira

sphutaganithavidiha labdha dharmarthayashamsi dinakaradinam
kukaranakarasathyam sahate narakey kruthavasaha

Tradução: O significado disto é que a pessoa que tem conhecimento correto do Sol, da Lua, etc., obtém Dharma que cuidará do seu mundo futuro, Artha que assegurará a sua prosperidade neste mundo e fama que perpetuará a sua memória. Mas o mau astrónomo, que engana as pessoas com os seus escritos, terá certamente de ir para o Inferno e lá viver.

कालाऽपेक्षा विधयः श्रौताः स्मार्ताश्च तदपचारेण।

प्रायश्चिन्ती भवति द्विजौ यतोऽतोऽधिगम्येदम ॥३६॥

-- Panchasiddhantika de Varahamihira

Todas as injunções do Veda e dos Smritis baseiam-se na hora correcta. Ao não executar os ritos nas horas especificadas, o executante adquire pecado que deve ser expiado. Mas, como é que o pecado acumulado por não executar os ritos na hora ordenada pelos Sastras pode ser expiado? Os Panchangas podem dar o tempo erradamente, mas pode-se estudá-lo não para usar o seu tempo para si próprio, mas para outros objectivos mais amplos, nomeadamente, para compreender onde erra e expor a sua fraqueza aos outros e salvá-los, produzindo um Panchanga livre de qualquer erro.
O *Vedanga Jotisha* diz que as pessoas que sabem astronomia também sabem executar corretamente os sacrifícios, "*yo jyotisam veda sa veda yajnan*".

PREFÁCIO

Todos os *Panchangas* (almanaques) indianos, qualquer que seja a sua variedade, são um desvio total do céu observado. A diferença atual entre o *Makara Samkranti* (*Uttarayana* - Solstício de inverno) de 14 de janeiro e o atual de 22 de dezembro pode não ser significativa, mas cerca de 9000 anos mais tarde, o Solstício de inverno ocorrerá a 22 de junho. Qualquer pessoa pode imaginar o absurdo que isso seria. Daí a necessidade de um novo *Panchanga* baseado no Zodíaco Móvel, tal como foi ordenado por Varahamihira, astrólogo e astrónomo indiano por excelência.

A obra de Varahamihira, *Panchasiddhantika,* é uma revisão dos cinco princípios astronómicos ou *Siddhantas.* Os cinco *Siddhantas*, nomeadamente, Paulisa, Pitamaha, Romaka, Saura e Vasistha, são comparados apenas com referência ao tithi, porque este é o principal dos cinco *angas*, viz, *tithi, vara, nakshatra, yoga* e *karana; o tithi* é muito útil não só para fins religiosos mas também para fins civis; é independente da origem de referência na eclítica e pode ser examinado quanto à sua exatidão através da observação de eclipses e do ascendente helíaco e é utilizado para encontrar os dias da época, a condição *sine qua non* de todos os cálculos astronómicos. O *tithi* resultante da Paulisa é toleravelmente exato e o da Romaka aproxima-se dele. O *tithi* do *Saura* é muito exato, mas os dos outros dois Vasistha e Pitamaha afastaram-se muito do valor real.

Pode notar-se aqui que o *Saura Siddhanta* adotado por Varahamihira não está de acordo com o *Saura Siddhanta* moderno, mas está de acordo com o antigo trabalho de Aryabhata, agora perdido para nós. Pode também notar-se que ele considerou *o tithi* apenas na revisão dos cinco *Siddhantas*, uma vez que é independente da origem da referência na eclítica, pois sabia que, nessa altura, o ponto de partida do zodíaco era o ponto equinocial vernal e não *Asvini.*

A astronomia hindu é, sem dúvida, um dos sistemas astronómicos mais antigos do mundo. Não é de estranhar que seja considerado um assunto controverso entre os estudiosos, o que demonstra uma maior antiguidade da cultura *védica.* A astronomia convencional e a astrologia da Índia baseiam-se em cálculos siderais, ao contrário dos cálculos tropicais do resto do mundo. Pode mencionar-se de imediato que os cálculos da astronomia *védica* se baseavam em cálculos tropicais, facto que foi acidentalmente esquecido devido à conivência dos maometanos e das invasões estrangeiras do solo indiano, sobretudo pelo domínio colonial britânico e pela sua cultura, tendo-se perdido grande parte do tesouro *védico.*

A obra mais famosa do seu tempo é o *Surya Siddhanta*, cujo género não se encontrava no antigo oriente contemporâneo. É mais do que tempo de

Neste contexto, a cultura *védica renasce* e recupera a sua glória do passado. É neste contexto que é necessário mencionar que *o Surya Siddhanta*, uma das maiores obras monumentais de Aryabhatta (século 5th), se perdeu, facto que foi reconhecido por Varahamihira (século 6th), astrónomo e astrólogo por excelência que viveu na corte do rei Vikramaditya, na sua famosa obra *Pancha* Siddhantika. O texto foi posteriormente modificado duas ou três vezes entre 500 d.C. e 1500 d.C. O sistema estabelecido no livro pode ainda hoje ser utilizado para prever o eclipse com um erro de duas ou três horas.

Os rituais do templo e os rituais domésticos exigem uma hora correcta para o seu início e conclusão. Quando a hora do muhurta se desvia, o efeito resultante, bem como a ordem mundial, desvia-se. Nilakantha Somayajin diz que não é preciso entrar em pânico, pois os horários correctos podem ser obtidos a partir do "Eclipse Solar Total". Devem ser envidados esforços para localizar e adquirir este manuscrito monumental para o nosso tesouro *védico, não* poupando esforços para oferecer uma oferta monetária lucrativa em troca aos felizes possuidores deste manuscrito, quer no nosso país quer no estrangeiro (Paquistão, Reino Unido).

Chennai, **Y. V. Subba Rao**

22 de setembro de 2017

AGRADECIMENTOS

Os académicos interrogam-se sobre a necessidade de a astrologia encontrar um lugar na universidade. Afinal de contas, não mostra qualquer interesse em estar ligada a domínios científicos (nem à biologia, nem à psicologia, nem à estatística, nem mesmo à astronomia), nem às humanidades, nem às ciências sociais. De facto, o grupo de reflexão observou que, por volta de 1998, a Associação Astrológica solicitou o estatuto de instituição de beneficência. Na sua resposta, os Comissários da Caridade citaram dicionários em que a astrologia era considerada um disparate que não devia ser levado a sério. O grupo de reflexão considerou que a astrologia precisa de obter credenciais académicas para ser levada a sério. O ponto de partida do Zodíaco está em perigo com os dois tipos de Zodíacos, o sideral e o tropical, sendo necessário fixar o ponto de partida correto para os cálculos. O presente livro pretende dissipar todas as noções negativas da Astronomia e Astrologia hindus, chegando ao ponto de partida correto do zodíaco.

Agradeço profusamente ao Prof. K. E. Devanathan, vice-reitor da Universidade Védica Sri Venkateswara, Tirupati, e ao Dr. V. Radhey Shyam, Diretor do Departamento de Investigação e Publicações, Sri Venkateswara

Universidade Védica, Tirupati, por ter organizado a publicação de todos os meus livros sobre as Ciências Vedais como Publicações da Universidade Védica.

Os meus agradecimentos são também devidos ao meu filho, Prof. Y. V. Ramana Rao, M.Tech., Ph.D., por ter analisado o assunto de forma crítica e ter dado conselhos relativamente ao seu conteúdo e relevância.

Chennai, Y. V. Subba Rao 22nd março, 2017

CAPÍTULO 1

PANCHÀNGAM (पञ्चाङ्गम्) (ALMANAQUE)

O Apanchangam (sânscrito: u^l^H) é um calendário e almanaque hindu, que segue as unidades tradicionais da cronometragem hindu, e apresenta datas importantes e os seus cálculos sob a forma de uma tabela. É por vezes utilizado em Jyotisha (Jyotisa).

O executante (adhibhuta) das várias actividades da vida quotidiana recebe dos antigos sábios informações sobre os momentos auspiciosos e inauspiciosos para a realização dessas actividades. Esta informação é designada por "Panchangam".

Prevêem fenómenos celestes, como eclipses (solares e lunares), previsões meteorológicas (chuva, feitiços secos), bem como ocorrências mais mundanas. Há vários *panchangas* que contêm informações para mais de um ano. As teorias propostas nas duas escrituras, Surya Siddhanta e Grahalaghava, formaram a base para a miríade de calendários ou *Panchangas* no passado em diferentes regiões do país - um sistema culturalmente complexo.

O Grahalaghava foi compilado há cerca de 600 anos e o Surya Siddhanta estava disponível muito antes disso. Mas estes livros estavam desactualizados e não correspondiam aos acontecimentos astronómicos reais e também não correspondiam uns aos outros. Por conseguinte, o Governo da Índia nomeou um comité com peritos na matéria, provenientes de várias partes do país, que estavam envolvidos na preparação do *Panchangam* nas línguas locais, para elaborar um *Panchangam* fiável, no qual os cálculos matemáticos fornecem as posições dos grahas (os planetas) e dos nakshatras (constelações) no céu, tal como são observados. Assim, o Governo da Índia preparou o *Panchanga* Nacional ou o calendário nacional indiano em 1957.

TIPOS DE *PANCHANGAMS*

Há três significados de *panchangam*, mas o significado popular é que, na astrologia védica, *panchangam* tem "cinco atributos" do dia. São eles: Tithi, Nakshatra, Yoga, Karana e Vara.

Tithi - Momento final (EM) de alongamento da Lua, o dia lunar, a relação angular entre o Sol e a Lua (Lua aparente *menos* Sol aparente). Um Tithi equivale a 12 graus de diferença entre a Lua e o Sol. O Tithi e o Nakshatram mudam em qualquer altura durante as 24 horas

Nakshatra - EM do asterismo do dia, ou seja, a mansão estelar em que a Lua está localizada para um observador no centro da Terra. Um Nakshatra equivale a 13 graus:20 minutos. Existem 27 Nakshatra em 360 graus.

Yoga - EM da relação angular entre o Sol e a Lua (Lua aparente *mais* Sol aparente). Um Yoga equivale a 13 graus: 20 minutos. Existem 27 Yogas em 360 graus.

Karana - EM de metade de um Tithi. Um Karana equivale a 6 graus de diferença entre a Lua e o Sol.

Vara - Dia da semana. No Panchangam hindu, o dia é sempre contado desde o nascer do sol de um dia até ao nascer do sol do dia seguinte

O Nakshatram, o Tithi, o Karanam e o Yogam prevalecentes em qualquer dia são calculados à hora do nascer do Sol desse dia e também são fornecidas as suas horas de fim. Para tal, são necessárias as longitudes exactas (posições eclípticas) do Ravi e do

Chandra, bem como os seus movimentos diários. A Efeméride, tabela de cálculos astronómicos, fornece os dados necessários para o efeito e a Efeméride de Rafael é a mais popular do mundo. As longitudes

Os valores das longitudes dos planetas assim calculados são conhecidos como Sayana ou longitudes tropicais, enquanto a astrologia hindu utiliza as longitudes siderais ou Nirayana, apesar de Varahamihira, astrólogo e astrónomo hindu por excelência de 520 d.C., ter ordenado aos astrónomos, astrólogos e panchanga kartas que baseassem os seus cálculos no Zodíaco Tropical.

Existem 2 tipos de *panchangams* em tamil Drik Ganita significa de acordo com a observação real (drishti=visão) e estimativa (ganita=calculada) enquanto vakya significa fórmula e refere-se à taxa de movimento dos planetas, Rahu & Ketu, etc., tal como consta nos nossos antigos tratados de astronomia/astrologia.

EXAME DOS PANCHANGAMS

A astrologia atribui certas influências aos planetas quando estes estão situados em determinadas posições a partir do *Lagna.* As mesmas influências são-lhes atribuídas quando estão situados em posições semelhantes em relação ao lugar da Lua entre eles. Algumas influências especiais são atribuídas às posições relativas dos planetas entre *si.* Estas posições relativas dos planetas *entre si*, incluindo a Lua, são, como vimos, identicamente as mesmas em ambas as formas do horóscopo, embora as suas posições em relação ao ascendente

O grau de inclinação em ambos os horóscopos não é sempre o mesmo, mas é quase o mesmo. Portanto, na medida das posições dos planetas, *entre si,* e apenas nessa medida, ambas as formas do horóscopo devem produzir os mesmos resultados gerais.

Para causar a Lua Cheia, eles devem estar a apenas 180 graus um do outro, ou seja, em oposição. Mas sabemos que depois de um dia quente, quando o Sol está em Carneiro e a Lua em Balança, apreciamos a Lua Cheia da noite. Também sabemos como os nossos sentimentos não são os mesmos numa noite de Lua Cheia no mês de outubro, quando os dois planetas trocam as suas posições. Mas a astrologia não é nada se se basear apenas nas posições dos planetas *entre si.* As suas posições relativas constituem apenas um dos muitos factores a ter em conta no julgamento de uma natividade, deixando de lado, por agora, as suas posições em relação ao *Lagna.* Muito depende do signo atual ocupado por um planeta. Cada signo modifica o efeito de um planeta. O signo correto que um planeta ocupa e o grau exato que ocupa têm astrologicamente certas influências sobre o nativo do horóscopo, sem o conhecimento das quais não é possível julgar corretamente uma natividade. De importância ainda maior e quase conclusiva é o verdadeiro signo de nascimento e até o grau exato que ocupa. É o cálculo *Sayana* das posições dos planetas em

o Zodíaco que nos dá não só as suas posições substantivamente correctas nos vários signos, mas também o *Lagna* correto e o seu grau. Pode notar-se, de passagem, que quando o grau de nascimento é avançado juntamente com os planetas no horóscopo *Sayana*, o próprio *Lagna* é, na maioria das vezes, alterado na forma *Sayana* do horóscopo, resultando em diferenças fundamentais entre as tendências maléficas e benéficas dos próprios planetas com referência ao *Lagna* do nativo. Nos capítulos sobre o julgamento da natividade e a horoscopia preditiva, verificar-se-á que a diferença na mudança do *Lagna* deve ser equiparada, pelo menos, à diferença entre a verdade

completa e a meia-verdade, se não à diferença entre a verdade e a mentira.
Quando o julgamento é limitado a um exame das posições dos planetas *entre si*, o horóscopo *Nirayana* não pode ser dececionante. Também será notado que a Lua Nova, a Lua Cheia e os Eclipses são todos fenómenos que dependem das posições relativas do Sol, da Lua e da Terra *entre si* e, portanto, os *Panchangas Nirayana* também não podem ser decepcionantes em relação a estes fenómenos. Quer o Sol esteja em Carneiro e a Lua em Balança, separados por 180 graus, ou ambos mudem de lugar a uma distância semelhante para os signos seguintes, o fenómeno resultante é a Lua Cheia Lua (Gráfico 1).

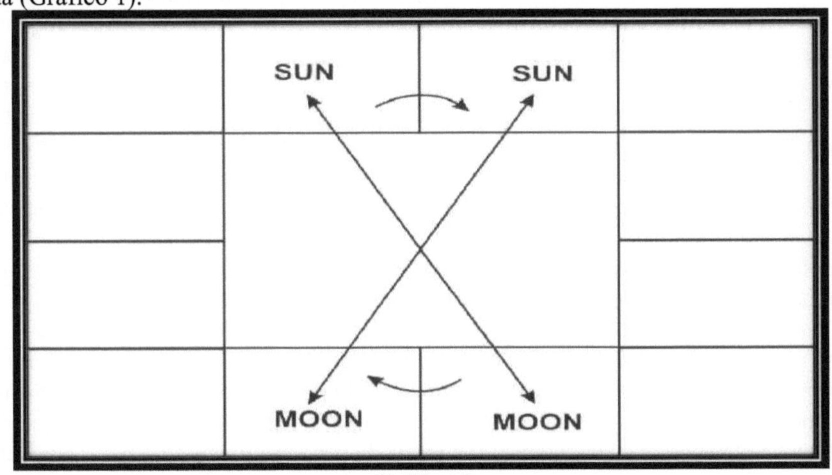

Gráfico 1

REQUISITOS ASTRONÓMICOS

Verificou-se que os *Panchangas* indianos não são fiáveis para este fim. O *Siddhanta Panchanga* não é apenas um *Nirayana Panchanga*, mas é também um *Panchanga que se baseia* em constantes astronómicas que a astronomia moderna provou serem inexactas. Os chamados *Drigganita Panchangas*, apesar das suas pretensões, são mais decepcionantes. Sem dúvida, estes últimos são editados à luz dos dados disponíveis nos almanaques ocidentais, mas chegam às posições *Nirayana* dos planetas, cada um à sua maneira, por
aplicando o seu próprio *Ayanamsa* fantasioso. Enquanto um *Siddhanta Panchanga* sofre de erros devidos à falta de observação, juntamente com o seu carácter de *Nirayana*, um *Drigganita Panchanga* sofre do *Ayanamsa* particular que adopta, distinguindo-se dos outros da sua variedade, enquanto mantém o seu carácter de *Nirayana Panchanga*. No *Siddhanta Panchanga* as posições planetárias não são observadas, enquanto que no *Drigganita Panchanga* o *Ayanamsa* adotado não é observável. Esta é, provavelmente, a melhor ocasião para observar que não é seguro assumir que, durante o tempo de *Varahamihira, o Ayanamsa* era de 0 graus, quer se considere 520 d.C. ou 562 d.C. como o ano correto. O próprio *Varahamihira* fala apenas em termos de *Nakshatra pada*, com o consequente erro possível até 3 graus e 20 minutos, para não falar dos erros devidos à ausência de aparelhos científicos modernos e de instrumentos de observação. Vamos, portanto, dizer adeus às

Panchangas Nirayana, agora e de uma vez por todas.
O *Siddhanta Panchanga* não é apenas um *Nirayana Panchanga*, mas é também um *Panchanga que se baseia* em constantes astronómicas que a astronomia moderna provou serem inexactas. Os chamados *Drigganita Panchangas*, apesar das suas pretensões, são mais decepcionantes. Sem dúvida, estes últimos são editados à luz dos dados disponíveis nos almanaques ocidentais, mas chegam às posições *Nirayana* dos planetas, cada um à sua maneira, aplicando o seu próprio *Ayanamsa* fantasioso. Enquanto um *Siddhanta Panchanga* sofre de erros devidos à falta de observação, juntamente com o seu carácter de *Nirayana*, um *Drigganita Panchanga* sofre do *Ayanamsa* particular que adopta, distinguindo-se dos outros da sua variedade, enquanto mantém o seu carácter de *Nirayana Panchanga*. No *Siddhanta Panchanga* as posições planetárias não são observadas, enquanto que no *Drigganita Panchanga* o *Ayanamsa* adotado não é observável. Esta é, provavelmente, a melhor ocasião para observar que não é seguro assumir que, durante o tempo de *Varahamihira, o Ayanamsa* era de 0 graus, quer se considere 520 d.C. ou 562 d.C. como o ano correto. O próprio *Varahamihira* fala apenas em termos de *Nakshatra pada*, com o consequente erro possível até 3 graus e 20 minutos, para não falar dos erros devidos à ausência de aparelhos científicos modernos e de instrumentos de observação. Vamos, portanto, dizer adeus às *Panchangas Nirayana*, agora e de uma vez por todas.

SIDDHANTA PANCHANGAS

Pode perguntar-se se qualquer *Panchanga* indiana pode ser utilizada para o efeito. A questão não pode ser respondida de imediato. Por um lado, todos os almanaques indianos têm sido até agora da variedade *Nirayana*, ou seja, são almanaques que dão os lugares planetários declaradamente a partir do primeiro ponto de *Asvini*. Nenhuma efeméride indiana suficientemente fiável sobre as longitudes tropicais dos planetas viu ainda a luz do dia. Os almanaques indianos são principalmente de duas variedades: os *Siddhanta Panchangas* e os *Drigganita Panchangas*. Os primeiros baseiam-se nas antigas tabelas planetárias do *Surya Siddhanta* e permanecem inalterados pela observação desde então. As tabelas de movimentos planetários obtidas pela astronomia moderna revelam a incorreção das tabelas *Siddhanta* e a acumulação de erros. Por exemplo, a primeira constante astronómica do *Surya Siddhanta* é o Mês Sinódico da Lua de 29.530587946 dias. O período obtido pela Astronomia moderna é 29.530587846. A diferença real pode ser insignificante, mas após o decurso de um período substancial, o erro pode acumular-se até atingir um valor muito perturbador. A duração do ano solar, de acordo com o *Surya Siddhanta,* é 365.258756484. Mas, de acordo com a astronomia moderna, é de 365,2422408 dias. Relativamente aos outros planetas, os erros são substanciais. Portanto, mesmo que saibamos o *Ayanamsa* exato (A Precessão Indiana), a ser adicionado às posições *Nirayana* disponíveis nestes almanaques, para as converter nas suas posições *Sayana* (longitudes tropicais), ainda assim não podemos chegar às suas
longitudes tropicais correctas, uma vez que as próprias longitudes siderais nos *Siddhanta Panchangas* se revelam mais ou menos incorrectas à luz da astronomia moderna. Além disso, o *Ayanamsa* exato tem sido objeto de especulação e controvérsia entre os *panditas*, como se explicará mais adiante.

DRIGGANITA PANCHANGAS

No entanto, nos chamados *Drigganita Panchangas, afirma-se* que o cálculo dos lugares planetários é verificado pela observação. Esta afirmação baseia-se no facto de esta variedade do almanaque indiano se basear na efeméride ocidental com as longitudes tropicais dos planetas, para chegar às suas longitudes *Nirayana* correctas. A razão pela qual o *Drigganita Panchang se deve basear num* almanaque ocidental com as longitudes tropicais dos planetas e chegar novamente às suas longitudes siderais a partir do primeiro ponto de *Asvini,* deve-se evidentemente ao facto de ninguém ter tido a coragem de questionar a lógica do Zodíaco fixo e de se afastar da tradição consagrada por uma longa utilização desde o tempo de *Varahamihira.* Os *panditas* desta escola apresentam os seus almanaques como sendo correctos à observação; mas, infelizmente, não são, nem podem ser, tendo em conta a extensão incerta do *Ayanamsa.* Se eles são, as longitudes planetárias nelas contidas podem ser facilmente convertidas nas suas longitudes tropicais, adicionando o *Ayanamsa* (a precessão indiana) às posições planetárias nelas contidas. Mas qual é o *Ayanamsa a* ser adicionado? É claro que deve ser exatamente o valor que aplicaram às longitudes tropicais no almanaque ocidental. Infelizmente, os próprios editores dos chamados *Drigganita Panchangas* não estão de acordo entre si quanto ao *Ayanamsa* exato que devem aplicar às longitudes tropicais nos almanaques ocidentais. Não sabemos o *Ayanamsa* exato que deve ser acrescentado às longitudes dos planetas *de* um determinado *Drigganita Panchanga*, porque não conhecemos o valor adotado no mesmo. Cada um dos editores destes *Panchangas* afirma ter descoberto o *Ayanamsa* correto e guarda-o como um segredo patenteado, para que outro ou outros não lho roubem. É claro que alguém interessado no exercício matemático pode descobrir o verdadeiro *Ayanamsa* adotado por qualquer um destes *Drigganita Panchangas*, calculando os lugares reais dos planetas para um dado momento, de acordo com o almanaque ocidental, e comparando os resultados com os seus lugares calculados para o mesmo momento a partir de qualquer um destes *Panchangas*. Mas não vale a pena, para o estudante de astrologia, chegar a um *Drigganita Panchanga*, especular sobre o *Ayanamsa* adotado nele, afinal de contas para chegar às posições tropicais correctas dos planetas que estão direta e facilmente disponíveis nos almanaques ocidentais.

AYANAMSA

A verdadeira dificuldade dos editores do *Drigganita Panchanga* é que o comprimento exato do *Ayanamsa* não pode ser determinado por observação direta. As diferenças entre os valores do *Ayanamsa* apresentados por eles neste subcontinente variam entre 1 e 4 graus. Este é o resultado infeliz das especulações desconcertantes e das controvérsias desanimadoras sobre as tentativas zelosas de chegar a um *Nirayana Panchanga* correto, descobrindo o *Ayanamsa* correto aceitável em todo o país, o que ninguém parece, no entanto, ter conseguido fazer até agora. Cada uma das conferências de astrónomos e astrólogos, desde a que teve lugar em Sangli, no estado de Bombaim, em 1920, terminou num fiasco; e nada de definitivo surgiu até agora quanto à precessão acumulada exacta aceitável para todas as escolas. No ano *Saka* de 1912 (1990-1991 d.C.), o Centro de Astronomia Posicional de Calcutá desenvolveu um Almanaque Nacional ("*Rashtriya Panchanga*" - Publicado pelo Departamento Meteorológico da Índia, Nova Deli), que é também uma variedade *Nirayana* com um *Ayanamsa* próprio. Se a diferença máxima no *Ayanamsa* pode atingir a cifra de quatro graus, pode-se imaginar, em termos de astrologia, quão desastroso seria o efeito. Um erro de 4 graus no lugar substantivo da Lua no Zodíaco, para não falar de outros resultados e efeitos, pode envolver um erro máximo de cerca de seis anos no lado preditivo com referência ao equilíbrio do período planetário no nascimento. No entanto, temos astrólogos em toda a extensão do país que afirmam prever eventos anuais, mensais, semanais, ou mesmo diários, baseando os seus cálculos nos lugares planetários nestes *Panchangas* com tais diferenças e efeitos práticos de longo alcance. O estudante de astrologia, portanto, deve obter as longitudes tropicais dos planetas diretamente dos almanaques ocidentais, mesmo que o objetivo seja testar as afirmações da astrologia como uma ciência de adivinhação do futuro.

EXAME DAS *PANCHANGAS* INDIANAS

Esta é provavelmente a melhor ocasião para esclarecer certas dúvidas populares que podem surgir na mente dos leitores relativamente às críticas feitas às actuais *Panchangas* indianas. *Nilakantha Somayajin* (c. 16th século) declarou na sua importante obra "*JyotirmUmamsa"*.

Um comentador do *Manasa (*viz. *Laghumanasa* de *Manjula)* lamentou: "De facto, os *siddhantas*, tal como o *Pitamaha*, diferem uns dos outros (ao darem as constantes astronómicas). Os tempos são diferentes à medida que os *siddhantas diferem* (ou seja, as medidas do tempo num determinado momento diferem conforme calculadas pelos diferentes *siddhantas*). Quando os tempos calculados diferem, os rituais *védicos* e domésticos, que têm tempos (correctos) como componente (da sua execução), desviam-se. Quando os rituais se extraviam, a vida no mundo é perturbada. Infelizmente, precipitámo-nos numa calamidade.

Aqui é preciso dizer: 'Ó coração fraco, não há nada a desesperar. Portanto, deve-se procurar um *siddhanta* que não mostre discordância com as observações actuais (no momento presente). Esta concordância com a observação deve ser verificada pelos observadores (astronómicos) durante as épocas de eclipses, etc. Quando *os siddhantas* mostram discordância, ou seja, quando um *siddhanta* antigo está em discordância, devem ser feitas observações de revoluções, etc. (que dariam resultados que concordam com a observação atual) e um novo *siddhanta deve ser* enunciado". Uma questão pertinente

Talvez, como é que estes *Panchangas* são capazes de prever corretamente os fenómenos astronómicos normais e extraordinários, como o Meio-dia Cheio, a Lua Nova e os Eclipses.

CICLO METÓNICO

Para os estudos de astronomia e calendário, o ciclo metónico é um período muito próximo de 19 anos, que se distingue por ser quase um múltiplo comum do ano solar e do mês sinódico. O astrónomo grego Meton de Atenas observou que um período de 19 anos é quase exatamente igual a 235 meses sinódicos, e arredondado para dias completos conta 6940 dias. A diferença entre os dois períodos é de apenas algumas horas, consoante a definição do ano. Considerando um ano como '/19 deste ciclo de 6940 dias, a duração do ano é de 365 +x /4 + '/76 dias, ou seja, cerca de 11 dias mais do que 12 meses sinódicos. Para manter um ano lunar de 12 meses em sintonia com o ano solar, seria necessário acrescentar um 13° mês intercalar em sete ocasiões durante o período de dezanove anos (235 = 19 x 12 + 7).

ANO TROPICAL MÉDIO VALOR ACTUAL

O ano tropical médio em 1 de janeiro de 2000 era 365,2421897 ou 365 dias de efemérides, 5 horas, 48 minutos, 45,19 segundos. Isto muda lentamente; uma expressão adequada para calcular a duração de um ano tropical em dias de efemérides, entre 8000 a.C. e 12000 d.C. é onde T está em séculos Julianos de 36,525 dias de 86,400 segundos SI medidos a partir do meio-dia de 1 de janeiro de 2000 TT (em números negativos para datas no passado).

(McCarthy & Seidelmann, 2009, p. 18, calculado a partir do modelo planetário de Laskar, 1986) (Quadro 2).

O equinócio vernal indiano, quando o Sol regressa à longitude sideral 00, é chamado Mesha Sankranti. O Ano Novo Solar, o dia de Mesha Sankranti, tal como calculado pelo sistema hindu-solar-new-year com a duração tradicional dos anos, é atualmente cerca de 4 dias mais tarde do que o que seria obtido por cálculo astronómico (assumindo o valor Lahri).

Calendar rules and vernal equinox

The great interest of the tropical year value is to keep the calendar year synchronized with the beginning of seasons. All the progressive solar calendars since Old Egyptian times are arithmetical calendars. This means an easy rule to try to reach the best possible astronomical value.

In the history of solar calendars notably these five rules (approximations) were used, are used or are proposed:

Calendar rule	Mean year in days		Match mean tropical year in SI time
Old Egyptian	365	= 365. 000 000 000	in very far future (several million years)
Julian	365 + ¼	= 365. 250 000 000	several hundred thousand years ago
Gregorian	365 + ¼ - 3/400	= 365. 242 500 000	at about 4000 BC
Khayyam	365 + 8/33	= 365. 24 24 24 $\overline{24}$	at about 1000 AD
Mean tropical year at epoch 2000.0		= 365. 242 190 419	***astronomical comparsion value***
von Mädler	365 + ¼ - 1/128	= 365. 242 187 500	expected between 2024 and 2048

Vernal Equinox from AD 2001 to 2048

in Dynamical Time *(delta T to UT > 1 min.)*

2001 20 13:32	2002 20 19:17	2003 21 01:01	2004 20 06:50
2005 20 12:35	2006 20 18:27	2007 21 00:09	2008 20 05:50
2009 20 11:45	2010 20 17:34	2011 20 23:22	2012 20 05:16
2013 20 11:03	2014 20 16:58	2015 20 22:47	2016 20 04:32
2017 20 10:30	2018 20 16:17	2019 20 22:00	2020 20 03:51
2021 20 09:39	2022 20 15:35	2023 20 21:26	2024 20 03:08
2025 20 09:03	2026 20 14:47	2027 20 20:26	2028 20 02:19
2029 20 08:03	2030 20 13:54	2031 20 19:42	2032 20 01:23
2033 20 07:24	2034 20 13:19	2035 20 19:04	2036 20 01:04
2037 20 06:52	2038 20 12:42	2039 20 18:34	2040 20 00:13
2041 20 06:08	2042 20 11:55	2043 20 17:29	2044 19 23:22
2045 20 05:09	2046 20 11:00	2047 20 16:54	2048 19 22:36

Source: Jean Meeus

Tabela 1: Regras do calendário e Equinócio Vernal

CAPÍTULO 2
TEMPLO E RITUAIS DOMÉSTICOS

INTRODUÇÃO

Os rituais de templo ou domésticos são essencialmente regidos por dois componentes importantes, nomeadamente, o procedimento ritual e o tempo de *muhurta* para o ritual, sendo este último o mais importante dos dois. Quando o tempo de *muhurta* se desvia, os resultados desviam-se. Quando os resultados se desviam, a ordem mundial é perturbada. O almanaque utilizado para o efeito deve estar isento de quaisquer erros. Todas as *Panchangas* indianas dificultam a definição dos signos em termos de estrelas e constelações. O erro é ainda mais agravado pelo facto de todos os rituais domésticos e dos templos dependerem das posições das lunações, das estrelas e dos planetas em *Rasis.* Mais particularmente, os rituais do templo baseiam-se nas posições exactas do Sol e da Lua. Os rituais são agora realizados com base no *Panchanga*, quase três semanas após a sua ocorrência efectiva; os mais importantes são o *Mesha* (Carneiro) *Samkranti* e o *Makara* (Capricórnio) *Samkranti.* Este último *(Uttarayana),* ocorre sempre a 22nd de dezembro, mas é observado a 14th de janeiro do ano. Além disso, quando o *Uttarayana* começa, é o início do inverno. Quando o equinócio *desliza,* aumenta a magnitude da *ayanamsa* e o *Makar Samkranti* também desliza (Figura 1).

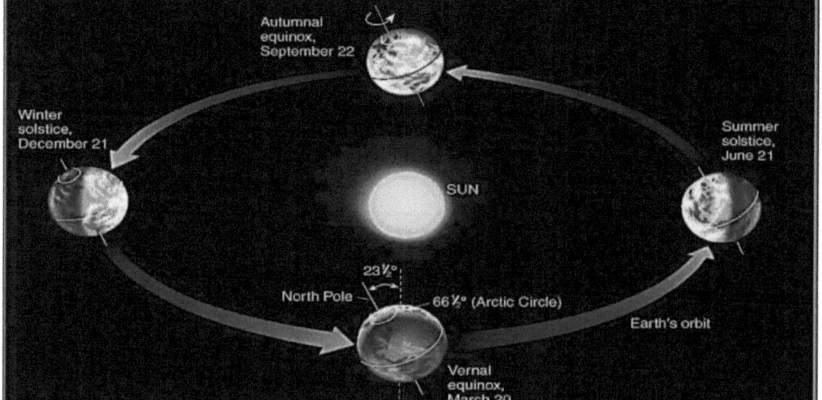

Figural: Equinócios

Os seguintes festivais hindus estão associados a fases lunares ou lunações ou *tithis:*
Vinayaka Chaturthi; Krishna Ashtami; Durga Ashtami; Rama Navami;
Navaratri (nove noites) e *Vijayadashami; Guru Nanak Jayanti* em
Purnima; Buddha Jayanti em *Purnima; Holi*, o último *Purnima* do ano;
Naraka Chaturdasi; *Deepavali Amavasya; Mahashivaratri* está relacionado com o penúltimo *Amavasya*; e a homenagem prestada aos antepassados que partiram, denominada[i] *Shruddha*\

O tithi é muito útil não só para fins religiosos mas também para fins civis; é independente da origem de referência na eclítica e pode ser examinado quanto à sua exatidão através da observação de eclipses. O *tithi* do *Saura* é muito exato. Mas os festivais associados à posição dos planetas, Sol ou Lua, em *Rasis* ou Signos, desviam-se, pois a origem da contagem dos lugares está longe do ponto Equinocial Vernal. Independentemente dos festivais associados às fases lunares, *Mesha Samkranti* é celebrado como Equinócio da primavera e *Makara Samkranti* como Solstício de inverno ou *Uttarayana Punya Kalam* e *Tirumala Srivari Brahmotsavam* em *Kanya* (Virgem) *Masam* (mês) quase três semanas após a sua ocorrência efectiva. No entanto, o Sol não está preparado para esperar que o Almanaque Indiano se alinhe.

A entrada de Júpiter no *Kumbha Rasi* (Aquário) é celebrada como o principal *Kumbha Mela* em Haridwar. Uma vez que o período orbital de Júpiter é de cerca de 12 anos, a principal celebração *do Kumbha* regressa de 12 em 12 anos. Estas celebrações são desfasadas da sua ocorrência real e atrasadas em três anos.

semanas. Curiosamente, todos os *Panchangas admitem a* sua incorreção ao anunciarem o *Vaikuntha Ekadasi* (quando o *Vaikuntha dwaram* abre) como ocorrendo cerca de 10 dias antes do *Uttarayana.*

ANO TROPICAL MÉDIO VALOR ACTUAL

O ano tropical médio em 1 de janeiro de 2000 era 365,2421897 ou 365 dias de efemérides, 5 horas, 48 minutos, 45,19 segundos. Isto muda lentamente; uma expressão adequada para calcular a duração de um ano tropical
em dias de efemérides, entre 8000 a.C. e 12000 d.C. é
onde T está em séculos julianos de 36,525 dias de 86,400 segundos SI medidos a partir do meio-dia de 1 de janeiro de 2000 TT (em números negativos para datas no passado). (McCarthy & Seidelmann, 2009, p. 18, calculado a partir do modelo planetário de Laskar, 1986).

O equinócio vernal indiano, quando o Sol regressa à longitude sideral 00, é chamado Mesha sam. kranti. O Ano Novo Solar, o dia de Mesha sam. kranti, tal como calculado pelo hindu-solar-new-year com a duração tradicional dos anos, é atualmente cerca de 4 dias mais tarde do que o que seria obtido por cálculo astronómico (assumindo o valor de Lahiri).

Todas as *Panchangas* indianas estão astronomicamente longe da realidade. A ordem mundial atual é um testemunho eloquente desse facto. É mais do que tempo, uma *Panchanga* baseada no Zodíaco Móvel, ordenada por Varahamihira, é uma panaceia para todos os males do mundo, confusões e controvérsias em astronomia.

EXAME DAS *PANCHANGAS* INDIANAS

Esta é provavelmente a melhor ocasião para esclarecer certas dúvidas populares que podem surgir na mente dos leitores relativamente às críticas feitas às actuais *Panchangas* indianas. *Nilakantha Somayajin* (c. 16th século) declarou na sua importante obra "*JyotirmUmamsa*".

Um comentador do *Manasa (*viz. *Laghumanasa* de *Manjula)* lamentou: "De facto, os *siddhantas*, tal como o *Pitamaha*, diferem uns dos outros (ao darem as constantes astronómicas). Os tempos são diferentes à medida que os *siddhantas diferem* (ou seja, as medidas do tempo num determinado momento diferem conforme calculadas pelos diferentes *siddhantas*). Quando os tempos calculados diferem, os rituais *védicos* e domésticos que têm tempos (correctos) como componente (da sua execução) desviam-se. Quando os rituais se extraviam, a vida no mundo é perturbada. Infelizmente, precipitámo-nos numa calamidade.

Aqui é preciso dizer: "Ó coração fraco, não há nada de que se possa desesperar. Por

isso, deve-se procurar um *siddhanta* que
não está em desacordo com as observações actuais. Esta concordância com a observação deve ser verificada por observadores (astronómicos) durante os períodos de eclipses, etc. Quando *os siddhantas* mostram discordância, ou seja, quando um *siddhanta* antigo está em discordância, devem ser feitas observações de revoluções, etc. (que dariam resultados que concordam com a observação atual) e um novo *siddhanta deve ser* enunciado". Uma pergunta pertinente pode ser: como é que estes *Panchangas* podem prever corretamente os fenómenos astronómicos normais e extraordinários, como o Meio-dia Cheio, a Lua Nova e os Eclipses?
CONCLUSÃO

सोमसूर्यस्तृचरितं विद्वान वेदविदश्नुते।

सोमसूर्यस्तृचरितं लोकं लोके च सन्ततिम ॥४३॥

---R-VJ 30; Y-VJ 43

Aquele que aprendeu os Vedas e que também aprendeu este conhecimento do movimento da Lua, do Sol e das Estrelas desfrutará, após a morte, de uma estadia no mundo onde a Lua, o Sol e as estrelas têm o seu ser, para além de ter, neste mundo, uma descendência interminável.

स्फुतगणितविदिह लब्धा धर्माऽर्थयशांसि दिनकरादीनाम ।

कुकरणकारस्सत्यं सहते नरके कृताऽऽवासाः ॥ ३७ ॥

-Panchasiddhantika de Varahamihira

O significado disto é que a pessoa que tem um conhecimento correto do Sol, da Lua, etc., obtém Dharma que cuidará do seu mundo futuro, Artha que assegurará a sua prosperidade neste mundo e fama que perpetuará a sua memória. Mas o mau astrónomo, que engana as pessoas com os seus escritos, terá certamente de ir para o Inferno e lá viver.

कालाऽपेक्षा विधयः श्रौताः स्मार्ताश्च तदपचारेण।

प्रायश्चिन्ती भवति द्विजौ यतोऽतोऽधिगम्येदम ॥३६॥

-Panchasiddhantika de Varahamihira

Todas as injunções do Veda e dos Smritis baseiam-se na hora correcta. Ao não executar os ritos nas horas especificadas, o executante adquire pecado que tem de ser expiado. Mas, como é que o pecado acumulado por não executar os ritos na hora ordenada pelos Sastras pode ser expiado?

Os *Panchangas* podem dar o tempo de forma errada, mas pode-se estudá-lo, não para usar o tempo para si próprio, mas para outros fins mais amplos, nomeadamente, para compreender onde ele erra e expor a sua fraqueza aos outros e salvá-los, produzindo um *Panchanga* livre de qualquer erro. O *Vedanga Jotisha* diz que as pessoas que sabem astronomia também sabem executar corretamente os sacrifícios, *yo jyotisam veda sa veda yajnan.*

CAPÍTULO 3
O ALINHAMENTO HISTÓRICO DOS DOIS ZODÍACOS

INTRODUÇÃO

Historicamente, é consensual que os dois zodíacos estavam alinhados um com o outro por volta do ano 285 d.C. vide Siddhanta Siromani de Bhaskara II do século XIth com efemérides siderais e tropicais que indicam a passagem do Sol em Áries no equinócio da primavera, enquanto que atualmente o Equinócio Vernal se situa na constelação de Uttarabhadrapada com
retrogradou em 240 (Figura 1).

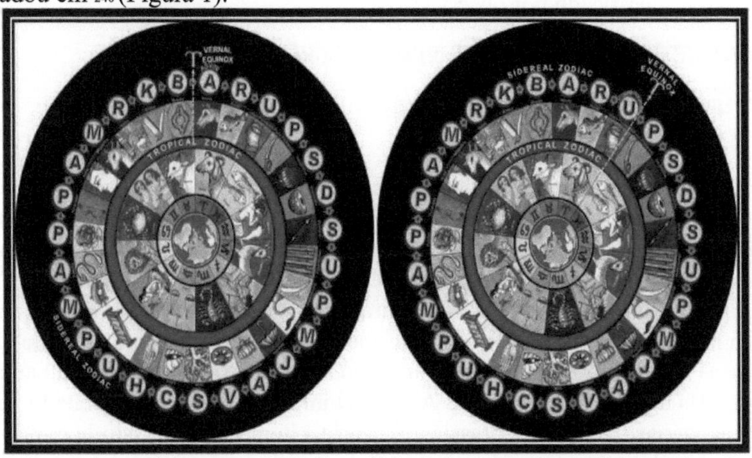

Figura 1 (esquerda): Alinhamento do Zodíaco Sideral (a partir da estrela Asvini) e do Zodíaco Tropical (a partir do Equinócio Vernal) em 285 d.C. (direita): O Equinócio Vernal está no 4th Quarto da Estrela Uttarabhadrapada a cerca de 240 de distância da Estrela Asvini em 2017

O que é que aconteceu a seguir? O que é que correu mal depois disso? thO "Satya Jatakam" do sábio Satyacharya, o Parashar Hora Sastra de Parasara Maharshi, o Brihat Jataka, o Brihat Samhita e o Pancha Siddhantika de Varahamihira e outras obras de muitos dos mais importantes nomes da astrologia *védica*, anteriores ao século XX, defendiam o zodíaco móvel e ordenavam aos futuros astrónomos, astrónomos, astrólogos e autores de almanaques a não cometerem o pecado de cálculos astronómicos errados e a basearem os seus cálculos astronómicos na observação direta.

O Srimad Bhagavatam é considerado pela maioria dos indianos como o penúltimo Purana que representa a plena maturidade do pensamento indiano. A sua quinta divisão diz respeito à astronomia. Os textos 2-6 do 21° capítulo dessa divisão definem os doze signos do zodíaco, sem ambiguidade, como tropicais.

OBSERVAÇÕES DE VARAHAMIHIRA

आश्लेषार्द्धाद्दक्षिणमुत्तरमयनं रवेर्धनिष्ठाद्यम् ।

नूनं कदाचिदासीद्येनोक्तं पूर्वशास्त्रेषु ॥२॥

-Purport *do Brihat Samhita de Varahamihira*: O curso meridional do Sol começou a partir da segunda metade de *Aslesha* e o curso setentrional a partir do início de *Dhanishta*. Este deve ter sido o caso, pois está registado nos nossos antigos *Sastras*.

साम्प्रतमयनं सवितुः कर्कतकाद्यं मृगादितश्चान्यत ।

उक्ताभावो विकृतिः प्रत्यक्षपरीक्षणैर्व्यक्तिः ॥२॥

-Brihat Samhita de Varahamihira

Comentário: Atualmente (no tempo de Varhamihira), um curso do Sol começa no início de *Kark* a *taka* e o outro no início de *Makara*. Que é diferente do que foi dito acima pode ser verificado por observação direta.

आश्लेषाधादासीद यदा निवृत्तिः किलोष्णकिरणस्य ।

युक्तमयनं तदाऽऽसीत सांप्रतमयनं पुनर्वसुतः ॥२१॥

-Panchasiddhantika de Varahamihira

Comentário: Quando o Sol começou a virar para o sul, ou seja, quando o solstício de verão estava no meio de *Aslesha*, o requisito da definição de que o Sol e a Lua deveriam estar em diferentes *ayanas* foi satisfeito. Mas agora a viragem para sul tem lugar a três quartos de *Punarvasu*. Por conseguinte, a definição tornou-se incorrecta.

Daqui podemos inferir que Varahamihira conhecia a precessão dos equinócios. Também no Brihat Samhita, ele diz o mesmo. Evidentemente, Varahamihira estava a referir-se às observações astronómicas no *Vedanga Jyotisha* cerca de 1500 anos antes dele, cf. Balagangadhara Tilak, Arctic Home in the *Vedas*, citado em M. Krishnamachariar, History of Classical Sanskrit Literature, P.ix. Isto leva-nos ao que Varahamihira observou. Descobriu que o Solstício de verão tinha retrogradado desde o meio do *Aslesa Nakshatra* no período *védico* até ao último quarto do *Punarvasu Nakshatra* no seu tempo, ou seja, cerca de 1% da extensão dos *Nakshatras* ou cerca de 23% de graus durante um período de mais de 1500 anos. Verificamos que as observações de Varahamihira coincidem, portanto, com a astronomia moderna no que respeita à taxa de precessão (Figura 2).

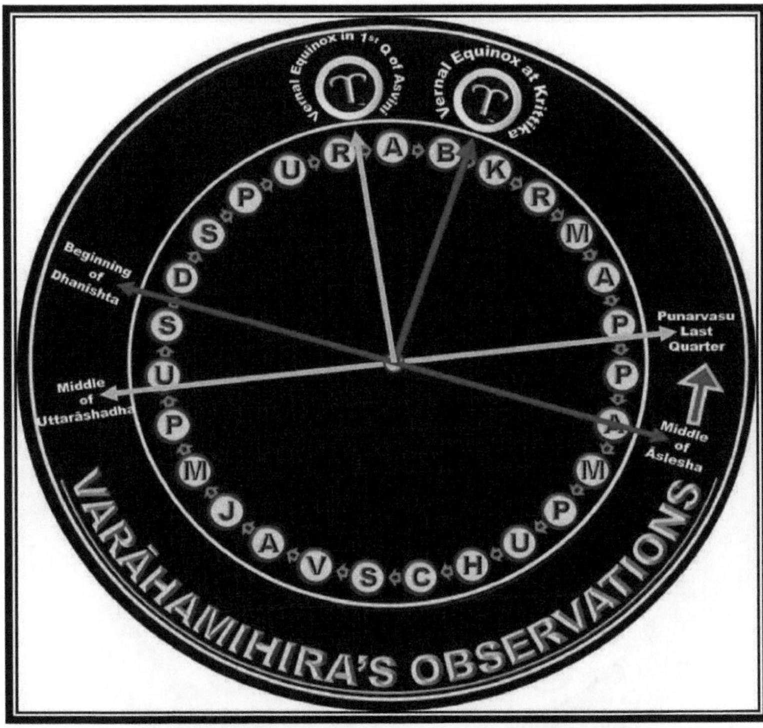

Figura 2: Observações de Varahamihira -Varahamihira'sBrihatSamhita

O falecido B. G. Tilak no seu Orion e o Prof. Jacobi falaram de um período muito anterior ao período *Vedanga Jyotisha*, quando o ponto equinocial Vernal estava em *Mrigasira* e era o primeiro *Nakshatra*. *Varahamihira* descobriu que, por volta de 520 d.C., o Equinócio Vernal ocorreu no início de *Asvini* e instalou-o como o asterismo principal.

Uma vez que o Solstício de verão durante o período *Vedanga Jyotisha* ocorreu por volta do meio do *Aslesa Nakshatra,* o Equinócio Vernal deve ter ocorrido por volta do início do *Krittika Nakshatra,* o sétimo asterismo para trás a partir de *Aslesa. De* facto, *Krittika* foi o primeiro *Nakshatra* durante o período *védico*. Varahamihira sabia-o. A literatura da sua época referia-se a *Makha Nakshatra* como o oitavo *Nakshatra,* o que só poderia ser se *Krittika* fosse o primeiro. O Tamil *Manimekhalai* (de cerca do século VII ou VIII d.C.) fala de *Visakha Nakshatra*, no qual o Buda nasceu, como o *Nakshatra* do meio ou o 14º, que só poderia ser se o primeiro fosse *Krittika. Krittika* foi o primeiro *Nakshatra* evidentemente no tempo *védico*, uma vez que o ponto equinocial vernal teve lugar nesse *Nakshatra* (Figura 3). Atualmente (2017), o ponto equinocial vernal encontra-se no *último quarto de Uttarabhadrapada*, tendo retrogradado para ele no devido tempo a partir de *Asvini*, ou seja, para cerca de 23% de graus durante um período de mais de 1500 anos desde o tempo de *Varahamihira* em 520 D.C.

Figura 3: Krittika foi o primeiro Nakshatra durante o Vedanga Jyotisha, Makha foi o 8º Nakshatra e Visakha foi o 14º, o Nakshatra do meio

PRECESSÃO DOS EQUINÓCIOS

O ponto equinocial de Vernal retrograda continuamente à taxa absoluta de 50 segundos de arco por ano, do todo para uma parte do conceito védico de tempo (ou seja, de 12,9 mil milhões de anos, como a existência do universo, até ao batimento cardíaco de 0,8 segundos e "Truti"). O ponto equinocial vernal retrograda continuamente à taxa absoluta de 50 segundos de arco por ano, do todo para uma parte do conceito védico de tempo (ou seja, de 12,9 biliões de anos, como a existência do universo, até ao batimento cardíaco humano de 0,8 segundos, em que 30 batimentos = 1 Vighadia de 24 segundos). Esta é a chamada taxa de Precessão dos Equinócios. A Precessão dos Equinócios para uma revolução completa de 3600 é de 25.920 anos à taxa de 960 anos por nakshtra. O Zodíaco Tropical e o Ponto Equinocial Vernal são indiscutíveis para os cálculos dos tempos muhurta (Figura 4).

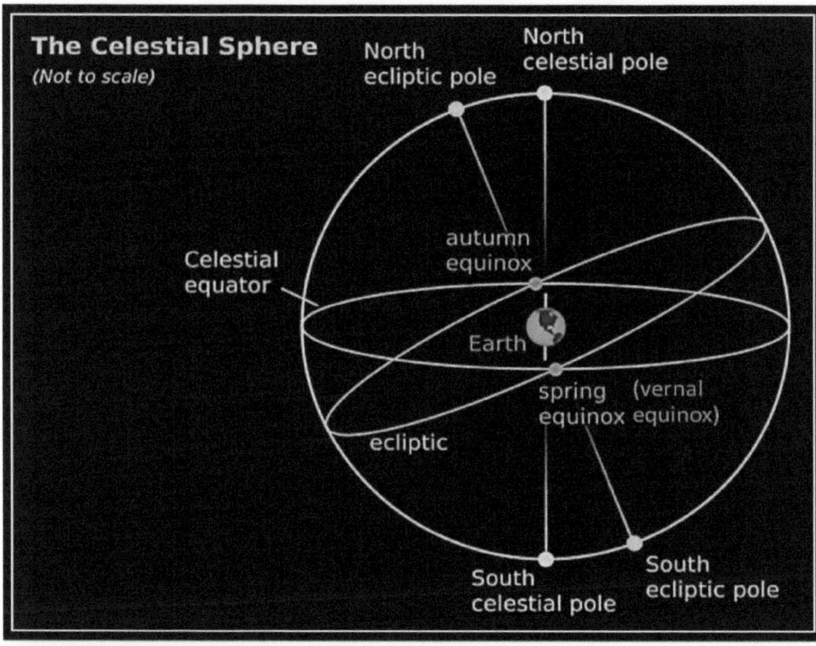

Figura 4: Zodíaco Tropical a partir do Equinócio Vernal ao longo da eclítica

NÚMEROS PRECESSIONAIS

Os números "108" e "60" são os dois números misteriosos no conceito védico de tempo. O primeiro é comum em grandes valores até à extensão de Kaliyuga, enquanto os factores do segundo são a base para valores mais baixos até ao batimento cardíaco, uma vez que o número 60 tem grandes factores inteiros, a saber, 30, 20, 15, 12, 10, 6, 5, 4, 3, 2,) de qualquer número de dois dígitos. Estes números são conhecidos como números "precessionais".

EQUINÓCIO VERNAL EM DIFERENTES PERÍODOS DE TEMPO

Estas observações astronómicas confirmam as várias datas a que chegaram os sânscritos, historiadores, etc., relativamente à composição de diferentes obras, bem como os diferentes estratos nas camadas da civilização, cronologia e cultura indianas. Assim, enquanto o *Rig Veda* foi composto durante 3000 - 4000 a.C., o *Vedanga Jyotisha* foi composto em 1000 a.C., e enquanto o *Buda* viveu em 520 a.C., Varahamihira viveu em 520 d.C.

RESUMO

+ O verdadeiro ponto de partida astrológico e astronómico indiano do Zodíaco é o Ponto Equinocial Vernal, o mesmo que no Ocidente, e não *Asvini*, o primeiro asterismo.
+ Atualmente, o Ponto Equinocial Vernal está no último quarto de *Uttarabhadrapada*, tendo retrogradado para ele no devido tempo desde 520 D.C.
+ Os antigos astrónomos indianos desenvolveram um sistema científico para calcular o ponto de partida do Zodíaco (Ponto Equinocial Vernal).
+ Nem os doze signos nem os períodos planetários têm qualquer relação com os 27

asterismos.

+ *'Ayanamssa' prejudicou* totalmente os cálculos astronómicos indianos.
+ Não existe um acordo comum entre os eruditos, astrólogos e astrónomos indianos sobre a magnitude da componente *"Ayanamtsa"*.
+ Um novo *Panchanga,* livre de qualquer erro ou discrepância, com os seus cálculos sobre as posições dos planetas, baseados e medidos a partir do Ponto Equinocial Vernal e dos cinco "*angas*" calculados, a partir da data do "Eclipse Solar Total" ocorrido em 22nd de julho de 2009 em Varanasi e com base na duração correcta do Ano Solar com base na Astronomia Moderna, deve ser concebido para inaugurar o renascimento da antiga Astronomia Indiana, restaurando o seu lugar na própria terra da sua glória.

CAPÍTULO 4
PRECESSÃO DOS EQUINÓCIOS

INTRODUÇÃO

Precessão dos equinócios, movimento dos equinócios ao longo da eclítica (o plano da órbita da Terra) causado pela precessão cíclica do eixo de rotação da Terra. Ao compilar o seu famoso catálogo de estrelas (concluído em 129 A.C.), o astrónomo grego Hiparco reparou que as posições das estrelas estavam sistematicamente deslocadas em relação às anteriores medidas babilónicas (caldeias). Isto indicava que não eram as estrelas que se estavam a mover, mas sim a plataforma de observação - a Terra. Este movimento é designado por precessão e consiste numa oscilação cíclica na orientação do eixo de rotação da Terra, com um período de 25 772 anos (o valor absoluto é 25920 anos, de acordo com o conceito védico de tempo). A precessão foi o terceiro movimento descoberto da Terra, depois da rotação diária e da revolução anual, muito mais óbvias.

PRECESSÃO DOS EQUINÓCIOS

A precessão da Terra foi historicamente chamada de precessão dos equinócios, porque os equinócios se moviam para oeste ao longo da eclítica em relação às estrelas fixas, em oposição ao movimento anual do Sol ao longo da eclítica.

A precessão é causada pela influência gravitacional do Sol e da Lua que actuam sobre o bojo equatorial da Terra. Em muito menor grau, os planetas também exercem influência. A projeção no céu do eixo de rotação da Terra resulta em dois pontos notáveis em direcções opostas: os pólos celestes norte e sul. Devido à precessão, estes pontos traçam círculos no céu. Atualmente, o pólo celeste norte aponta para uma distância de apenas 1° do arco de Polaris. O ponto mais próximo de Polaris será por volta de 2100 d.C. Daqui a 12.000 anos, o pólo norte celeste estará a cerca de 5° de Vega. Atualmente, o pólo sul celeste não aponta para a vizinhança de nenhuma estrela brilhante.

A PRECESSÃO DO EIXO DA TERRA

- O eixo da Terra gira (precessa) tal como um pião. O período de precessão é de cerca de 26.000 anos.
- Por conseguinte, o Pólo Norte Celeste não estará sempre a apontar para o mesmo campo estelar.
- A precessão é causada pela atração gravitacional do Sol e da Lua sobre a Terra.

O TERCEIRO MOVIMENTO DA TERRA

A precessão foi o terceiro movimento descoberto da Terra, depois da rotação e da revolução da Terra. A Terra gira em torno do Sol uma vez por ano. Gira em torno de si própria sobre um eixo inclinado que se afasta da perpendicular do seu plano orbital. Qualquer movimento de um corpo celeste é sempre influenciado pela força gravitacional existente no corpo devido aos objectos maciços que o rodeiam no espaço. A Terra está sujeita à forte influência da gravidade do Sol e de outros membros do sistema solar. A Lua, para além das forças gravitacionais menos influentes dos outros planetas e dos detritos do nosso sistema solar. A Terra não é uma esfera perfeita. É abaulada no equador e plana nos pólos devido às forças centrífugas da sua rotação e oscila. Esta oscilação da Terra é semelhante à rotação de um pião ou de um giroscópio, como se pode ver na figura 1.

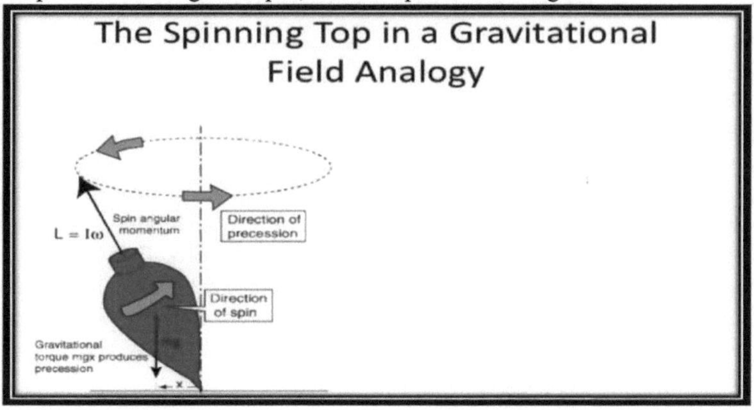

Figura 1: A oscilação da Terra como o pião

Esta oscilação é a projeção no céu do equador da Terra. Esta projeção, um grande círculo, é designada por equador celeste. O equador celeste intersecta outro grande círculo útil, a eclítica.

Tanto o equador celeste como a eclítica se intersectam em dois pontos chamados equinócios (equinócio vernal e equinócio outonal). À medida que a Terra orbita o Sol, este atravessa o equador duas vezes, uma em março, passando do hemisfério sul para o hemisfério norte, e outra em setembro, na direção oposta. Os equinócios deslocam-se para oeste ao longo da eclítica a uma taxa de 50 segundos de arco por ano, à medida que o equador celeste se move com a precessão da Terra (Figura 2).

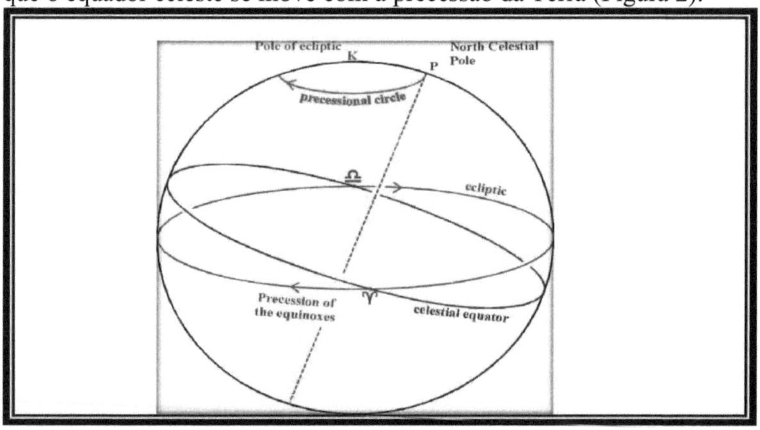

Figura 2: Equinócios e círculo de precessão

CAPÍTULO 5
NÚMERO INTRIGANTE 3339 NO RG VEDA

A tradição indiana afirma plenamente que *o Rg Veda* trata essencialmente do Sol, que se chama Arka, literalmente relacionado com Rk. Naturalmente, espera-se que o conteúdo do texto do RV tenha alguma informação sobre eclipses. O Rg Veda tem vários números pequenos e também muito grandes. Entre eles, o número 3339 é talvez o mais intrigante. Inicialmente pensou-se que era o número dos Deuses que propiciam o Fogo, puramente derivado do hino (RV3.9.9; 1052.6), uma vez que não havia forma de interpretar como surgiu e o que o número representa. Sempre que se encontra um número grande, chama-se automaticamente a atenção para o Brahmanda Purana, de onde se pode extrair a verdadeira intenção ou significado físico, onde se mostra que o número 3339 é um "Número do Período do Eclipse" e é descrito como o número de tithis, contados nas quinzenas escuras, da Lua Cheia à Lua Nova.
Isto ocorre duas vezes no Rgveda, primeiro na terceira mandala e novamente mais tarde na décima mandala. O texto e duas traduções são fornecidos abaixo para realçar o facto de que os números não podem ser interpretados de forma diferente, mesmo que a sua base possa não ser compreendida.

त्रीणि शता त्री सहस्राण्यग्निं त्रिंशच्च देवा नव चासपर्यन् ।

औक्षन्घृतैरस्तृणन्बर्हिरस्मा आदिद्धोतारं न्यसादयन्त ॥३-९-९॥

trim s'ata' trz' sahasra'nyagnim trims'acca devd nava cdsarpayan l auksan ghrtairastman barhz'rasmd ddiddhotdram nyasddayanta ll

--- (RV3.9.9; 1052.6)

"Três vezes cem deuses e três vezes mil, e três vezes dez e nove adoraram Agni/Para ele espalharam erva sagrada, com óleo regaram-no, e estabeleceram-no como Sacerdote e Sacrificador" (Griflith3).
Tradução: "Deuses três mil e trezentos e trinta e nove esperaram no Fogo / Eles ungiram-no com muitas correntes da claridade, eles estenderam para ele o assento do sacrifício, e sentaram-no dentro como Sacerdote da chamada".
O Sfikta RV (3,9) é da autoria de Gathina Visvamitra, uma figura lendária de fama imortal na cultura indiana. Este hino tem Agni como divindade, o que, a partir do número N global 3339, faz com que o número total de tithis intermédios de quinzenas brilhantes incluídas seja 6678. Isto equivale a 18 anos solares, de acordo com o calendário védico de 371 tithis por ano. A literatura védica e purânica mostra que este facto foi corrigido com a adição de mais seis ou sete tithis. Além disso, é demonstrado que 3339 é um número de correlação para as contagens de sílabas dos hinos RV. Isto baseia-se no facto de que, se houver dois fenómenos e o número num fenómeno tiver um número correspondente no outro fenómeno, diz-se que os dois fenómenos estão relacionados.
No caso presente, o intrigante número 6798 tithis (equivalente a 18,56 anos lunares) relaciona-se plausivelmente com o ciclo de regressão dos Nodos Lunares relativo aos eclipses.

REGRESSÃO DOS NODOS LUNARES

Os antigos observaram que as posições dos nodos ascendentes e descendentes em que a Lua passa através do plano fixo da órbita da Terra em torno do Sol, a eclítica, decrescem, ou seja, orbitam a Terra na direção oposta à da Lua, a uma taxa tal que o ciclo dessa regressão (chamado período dracónico ou nodal) equivale quase exatamente a 18,6 anos terrestres. Por outras palavras, se a Lua, durante o equinócio da primavera ou do outono, quando vista de um ponto estacionário da Terra, ascende a uma determinada posição no horizonte leste, descreve a curva da sua trajetória e desce a um outro ponto particular no horizonte oeste, serão necessários 18,6 anos para que esta trajetória se repita.

O Sol, a Terra e a Lua estão quase alinhados na linha dos nodos duas vezes em cada ano de eclipse de 346,6 dias. Isto é menos do que um ano civil devido à regressão dos nodos. Em pouco mais de 18 anos, a linha dos nodos volta aproximadamente à mesma posição em relação ao Sol, à Terra e à Lua. Durante um período quase igual, chamado saros, ocorre um ciclo de eclipses.

Assim, o intrigante número 6798 tithis é equivalente a 18,56 anos lunares. Este número é quase o mesmo que a duração aproximada de um ciclo de regressão dos Nodos Lunares 18,6 anos terrestres. Estes dois números dizem respeito aos eclipses (Lunar e Solar).

CONCLUSÃO

O Rg Veda menciona 3339 Deuses e não *tithis?* A literatura védica designa o Tempo ou Kala como Deus, apesar da sua natureza abstrata. O conceito védico de tempo e o nosso "sankalpa" quotidiano, em que nos referimos ao lugar, o tempo instantâneo para o Kalpa (aeon) é, de facto, um excelente geotagging do intérprete individual para o cosmos.

A literatura védica menciona um período especial de dezoito anos, que plausivelmente era o ciclo do eclipse. O número de tithis nas quinzenas escuras mencionado como 3339 sequencialmente para um objetivo especial. Este número seria 6678 quando *os tithis* das quinzenas claras são adicionados ao número. Ora, à razão de trinta dízimos por mês lunar, este número é igual a 222,62 meses lunares, o que representa um ciclo de eclipse. Curiosamente, este é também o mesmo número de regressão dos nodos.

CAPÍTULO 6
ECLIPSE SOLAR TOTAL

INTRODUÇÃO

Os eclipses solares ocorrem quando a Lua se coloca entre o Sol e a Terra e projecta a parte mais escura da sombra (a umbra) sobre a Terra. O ponto mais escuro do eclipse é quase tão escuro como a noite.

A CIÊNCIA DOS ECLIPSES SOLARES TOTAIS

Durante um eclipse total do Sol, a Lua cobre todo o disco do Sol. Nos eclipses solares parciais e anulares, a Lua bloqueia apenas uma parte do Sol. Os eclipses recebem o nome da sua fase mais escura. Se um eclipse solar for total em qualquer ponto da Terra, é chamado de eclipse solar total, mesmo que seja visto como um eclipse parcial na maior parte do mundo.

Nunca olhe diretamente para o Sol, eclipsado ou não, sem óculos de proteção adequados. A radiação UV do Sol pode queimar as retinas dos seus olhos e causar danos permanentes ou mesmo cegueira.

Para estar totalmente seguro, a única maneira é ver um eclipse solar usando óculos de proteção ou projetar uma imagem do Sol eclipsado usando um projetor pinhole.

FENÓMENOS APENAS VISÍVEIS NA TOTALIDADE.

Certas vistas especiais de fenómenos na totalidade só podem ser vistas durante um Eclipse Solar Total (Figura 1):

- Contas de Baily: Vistos cerca de 10-15 segundos antes e depois da totalidade, os grânulos de Baily são pequenas manchas de luz semelhantes a grânulos na borda da Lua. Isto acontece porque as falhas nas montanhas e vales da superfície da Lua permitem que a luz do Sol passe nalguns sítios mas não noutros.
- Anel de diamante: À medida que a Lua se move para cobrir todo o disco do Sol, as contas de Baily desaparecem, deixando uma última conta alguns segundos antes da totalidade. Nesta altura do eclipse, a coroa solar forma um anel à volta da Lua. O anel à volta da Lua e a pérola de Baily que sobrou dão a aparência de um anel de diamante.
- A cromosfera do Sol: A atmosfera do Sol tem 3 camadas: a *fotosfera*, a *cromosfera* e a *coroa.* A
  A cromosfera, que emite um brilho avermelhado, só pode ser vista durante alguns segundos logo após o anel de diamante desaparecer durante um eclipse total do Sol.
- A coroa do Sol: Tal como a cromosfera, a coroa solar só é visível durante um Eclipse Solar Total. Pode ser vista como um ténue anel de raios que rodeia a Lua escura durante a totalidade.
- Faixas de sombra: Cerca de um minuto antes e depois da totalidade, podem ser vistas linhas onduladas móveis de luz e escuridão alternadas em superfícies de cor clara. Estas faixas de sombra são o resultado da luz emitida por um fino crescente solar sendo refractada pela atmosfera da Terra.

Figura 1: A coroa solar durante um eclipse solar total.

A CIÊNCIA DOS ECLIPSES SOLARES TOTAIS

O Sol, a Lua e a Terra estão alinhados (Figura 2). Apenas as pessoas localizadas no trajeto da umbra da Lua podem ver um Eclipse Solar Total. A umbra da Lua tem apenas algumas centenas de quilómetros de largura e desloca-se para leste a cerca de 1.056 mph (1.700 km/h). Por este motivo, apesar de os eclipses solares acontecerem cerca de 2 a 5 vezes por ano, não são muitas as pessoas que os conseguem ver. Em qualquer lugar da Terra, um Eclipse Solar Total pode ser visto, em média, uma vez a cada 360 anos. Os eclipses solares totais são raros e só acontecem (a cada um ou dois ou três anos) quando:

- Há uma Lua Nova. A Lua está próxima de um nódulo lunar.

A Terra, a Lua e o Sol estão alinhados em linha reta.

A Lua está no perigeu.

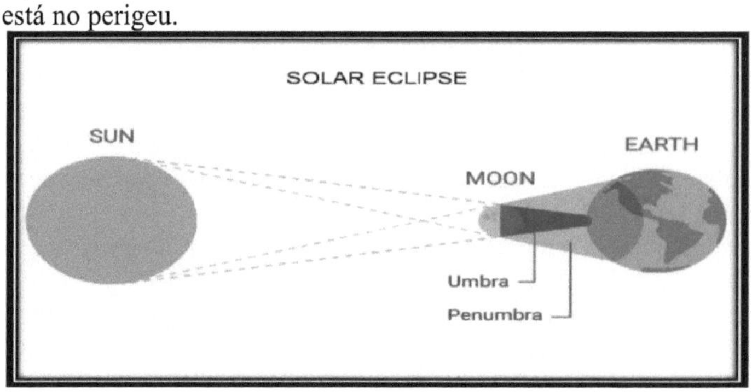

Figura 2: Eclipse solar

FASES DE UM ECLIPSE SOLAR TOTAL

Há cinco fases num Eclipse Solar Total (Figura 3).

1. Início do eclipse parcial (primeiro contacto): A sombra da Lua começa a tornar-se visível sobre o disco do Sol. O Sol parece ter sido mordido.
2. Começa o eclipse total (segundo contacto): Quase todo o disco do Sol é coberto pela Lua. Os observadores no caminho da umbra da Lua podem ser capazes de ver as contas de Baily e o efeito de anel de diamante.
3. Eclipse máximo ou total: A Lua cobre completamente o disco do Sol. Apenas a coroa solar é visível. Esta é a fase mais dramática de um Eclipse Solar Total.

Nesta altura, o céu escurece, as temperaturas descem drasticamente e os pássaros e os animais ficam muitas vezes silenciosos.

4. O eclipse total termina (terceiro contacto): A sombra da Lua começa a afastar-se e o Sol reaparece.
5. Fim do eclipse parcial (quarto contacto): A Lua deixa de se sobrepor ao disco do Sol. O eclipse termina nesta fase.

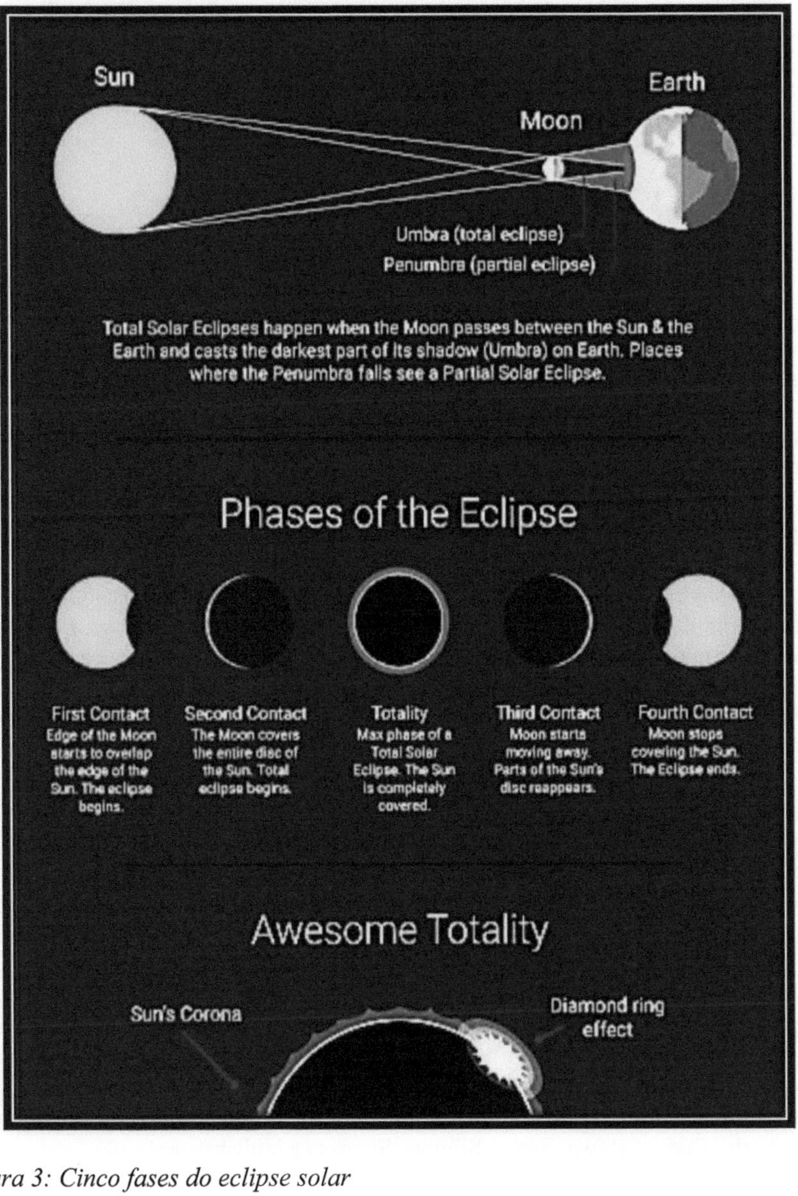

Figura 3: Cinco fases do eclipse solar

Nem em todas as noites lunares ocorre um eclipse solar. Isto deve-se ao facto de a trajetória orbital da Lua em torno da Terra estar inclinada num ângulo de 5° em relação ao plano orbital da Terra (eclítica) em torno do Sol. Os pontos onde os dois planos orbitais se encontram são designados por nodos lunares. Os eclipses solares ocorrem apenas quando uma Lua nova ocorre perto de um nódulo lunar (Figura 3).

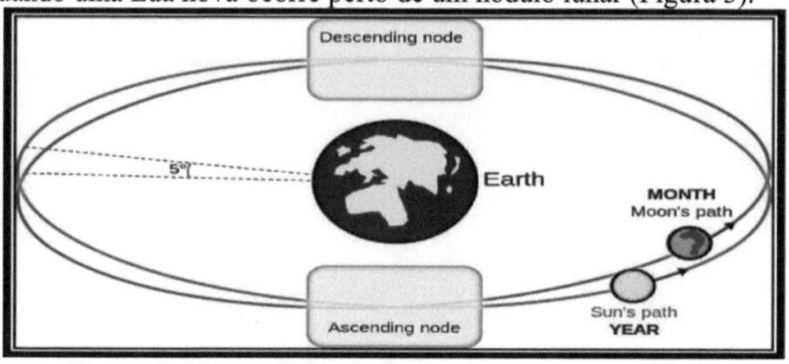

Figura 3: Planos Orbitais da Terra e da Lua e os Nodos

A trajetória da Lua à volta da Terra é elíptica, com um lado da órbita mais próximo da Terra do que o outro. O lado mais próximo da Terra é chamado perigeu e o lado mais afastado da Terra é conhecido como apogeu.

ECLIPSE SOLAR TOTAL NA ÍNDIA

A Índia assistiu a um Eclipse Solar Total no dia 22 de julho de 2009, entre as 05:28 e as 07:40 da manhã (hora padrão indiana). O eclipse solar total durou quase quatro minutos. Varanasi, na Índia, testemunhou um eclipse solar total

Eclipse solar em 22 de julho de 2009 a partir das 06:24:10 AM e terminou às 06:27:17 AM. O sol não foi visível de todo.

Segundo a NASA, o eclipse solar de 22 de julho de 2009 é um "Eclipse Solar Total" e a sombra umbral da Lua sobre o Sol começa na Índia e atravessa o Nepal, Bangladesh, Butão, Myanmar, China e termina no Oceano Pacífico. É o eclipse solar total mais longo do século XXI e só será ultrapassado em duração nos próximos 123 anos. O eclipse solar total na Índia será visível nas regiões em torno de Bhopal (Madhya Pradesh), Surat (Gujarat), Darjeeling (Bengala Ocidental), Varanasi (Uttar Pradesh) e Patna (Bihar). A maioria das regiões da Índia não terá uma visão do eclipse solar total. De acordo com os dados da NASA, o eclipse será parcial em Bombaim, Pune, Hyderabad, Bangalore, Ahmedabad, Deli, Calcutá e Chennai.

O eclipse solar total, Surya Grahan, foi visto na sua fase total nalgumas regiões de Gujarat, Madhya Pradesh, Uttar Pradesh, Bihar, Bengala Ocidental, Sikkim e Arunachal Pradesh (a hora é indicada abaixo). Trata-se de um eclipse parcial na maioria dos locais da Índia. O eclipse solar total é visível em Patna, Bhopal, Indore, Gaya, Varanasi, Bhavnagar, Darjeeling, Gangtok, Sibsagar, Surat, Ujjain e Vadodara. O horário é de manhã cedo, das 05:30 às 07:30, na maioria das regiões. Os outros locais onde o Eclipse Solar Total foi visto na totalidade incluem Bankipore, Bharuch, Chhapra, Chhatarpur, Cooch Bihar, Daltoganj, Daman, Darbhanga, Dibrugarh, Gangtok, Itanagar, Itarsi, Jabalpur, Katihar, Khandwa, Maihar, Mirzapur, Muzaffarpur, Panchmarhi, Purnia, Rewa, Sagar, Siliguri, Silvassa e Vidisha.

* O eclipse começa às 05:30:03 AM

* O Eclipse Solar Total começa às 06:24:10 AM
* Maior fase do eclipse às 06:25:44 AM
* O Eclipse Solar Total termina às 06:27:17 AM
* O eclipse termina às 07:27:34 AM

Um ano tropical, para efeitos gerais, é o tempo que o *Sol* demora a regressar à mesma posição ... A duração do ano tropical era dada como 365 dias *solares* 5 horas 49 minutos 16 segundos (~ 365,24255 dias). Os astrónomos modernos definem o *ano tropical* como o tempo necessário para que *a* longitude média *do Sol* aumente 360°.T 06::25:44 AM i.e. 00:55:44 AM GMT visível em Varanasi na Índia a 22 de julho de 2009

Uma vez que o Eclipse Solar Total ocorre às 06::25:44 AM em Varanasi, precisamos agora de calcular as Longitudes do Sol, da Lua e do Nódulo para Varanasi para a hora do Eclipse Solar Total a partir das Efemérides do ano 2009.

ÉPOCAS DE ECLIPSE

A órbita da Lua à volta da Terra tem uma inclinação de cerca de 5,1° em relação à órbita da Terra à volta do Sol. Como consequência, a órbita da Lua cruza a eclítica em dois pontos ou nodos. Se a Lua Nova ocorrer a cerca de 17° de um nó, então um eclipse solar será visível a partir de algum ponto da Terra.

O Sol faz um circuito completo da eclítica em 365,24 dias, pelo que a sua velocidade angular média é de 0,99° por dia. A esta velocidade, são necessários 34,5 dias para que o Sol atravesse a zona de eclipse de 34° de largura, situada em cada nó. Como a órbita da Lua em relação ao Sol tem uma duração média de 29,53 dias, haverá sempre um e possivelmente dois eclipses solares durante cada intervalo de 34,5 dias em que o Sol passa pelas zonas nodais de eclipse. Estes períodos de tempo são designados por épocas de eclipse.

O ponto médio de cada estação de eclipse é separado por 173,3 dias, que é o tempo médio para o Sol viajar de um nó para o outro. O período é um pouco menos de meio ano civil, porque os nodos lunares regridem lentamente para oeste em 19,3° por ano.

O valor real varia entre 15,39° e 18,59° devido à excentricidade da órbita da Lua (e da Terra).

INTERVALO ENTRE DOIS ECLIPSES SOLARES SUCESSIVOS

O intervalo de tempo entre dois eclipses solares sucessivos pode ser de 1, 5 ou 6 lunações (meses sinódicos).

Um eclipse só pode ocorrer quando a Lua está próxima do plano da órbita da Terra, ou seja, quando a sua latitude eclítica é pequena. Isto acontece quando a Lua está perto de um dos dois nodos da sua órbita na eclítica no momento da sizígia, o que significa uma conjunção ou oposição, especialmente da Lua com o Sol. É claro que, para produzir um eclipse, o Sol também deve estar próximo de um nó nesse momento: o mesmo nó para um eclipse solar, ou o nó oposto para um eclipse lunar.

CAPÍTULO 7
AS POSIÇÕES DO SOL, DA LUA E DO NÓDULO NUM ECLIPSE SOLAR TOTAL

INTRODUÇÃO

Um almanaque infalível baseia-se nas longitudes e latitudes correctas dos quatro planetas, o Sol, a Lua, a Terra e o Nodo, envolvidos num eclipse, lunar ou solar. As coordenadas correctas são obtidas a partir das efemérides publicadas por observação direta dos observatórios. As Efemérides de Rafael são as mais populares. Para escrever o programa do eclipse solar e lunar, foi necessário determinar as condições que devem ser cumpridas pelo Sol, pela Lua e pela Terra.

NÓ LUNAR

Os nodos lunares são os nodos orbitais da Lua, ou seja, os pontos onde a órbita da Lua cruza a eclíptica. O nodo ascendente ou norte é o ponto onde a Lua cruza do sul da eclíptica para o norte da eclíptica. O nodo descendente ou sul é o ponto onde a Lua passa do norte da eclíptica para o sul da eclíptica.

Os eclipses ocorrem apenas perto dos nodos lunares: Os eclipses solares ocorrem quando a passagem da Lua por um nodo coincide com a lua nova; os eclipses lunares ocorrem quando a passagem coincide com a lua cheia. Um eclipse lunar pode ocorrer se houver uma lua cheia a 11° 38' (Longitude Celeste) de um nodo, e um eclipse solar pode ocorrer se houver uma lua nova a 17° 25' de um nodo.

O plano da órbita lunar precessa no espaço e, consequentemente, os nodos lunares precessam em torno da eclítica, completando uma revolução (chamada período dracónico ou nodal) em 6798,3835 dias ou 18,612958 anos. O mesmo ciclo, medido num referencial inercial em relação às estrelas, é de 18,599525 anos.

Os dois eclipses solares de julho de 2000 (eclipse solar de 1 de julho de 2000 e eclipse solar de 31 de julho de 2000) ocorreram na altura em que a Lua se encontrava no seu nodo ascendente. Os eclipses do nodo ascendente repetem-se em média após um ano dracónico, que é cerca de 0,94901 anos gregorianos, e o mesmo se aplica aos eclipses do nodo descendente.

Os nodos são designados por nomes diferentes em diferentes áreas do mundo. Nos textos europeus antigos, o nó ascendente é designado por cabeça de dragão. O seu símbolo é o Q, o símbolo astronómico e astrológico da cabeça do dragão. Pela mesma analogia, o nó descendente é também conhecido como a cauda do dragão e o seu símbolo é a inversão do símbolo do nó ascendente: ^. Na astronomia hindu, o nodo ascendente Q é chamado Rahu e o nodo descendente ^ é chamado Ketu.

DECLÍNIOS EXTREMOS

A órbita lunar tem uma inclinação de cerca de 5,1 graus em relação à eclítica: assim, a Lua pode estar até cerca de 5 graus a norte ou a sul da eclítica. A eclítica está inclinada cerca de 23,4° em relação ao equador celeste, o plano que é perpendicular ao eixo de rotação da Terra. Como consequência, uma vez durante o período nodal de 18,6 anos, quando o nó ascendente da órbita da Lua coincide com o equinócio vernal, a Lua atinge declinações extremas a norte e a sul. Nessa altura, tem também os seus pontos azimutais extremos a norte e a sul de nascer e pôr-se no horizonte; a sua altitude extrema mais baixa e mais alta ao atravessar o meridiano; e, potencialmente, os primeiros avistamentos tardios da nova

lua. Além disso, as ocultações pela Lua do grupo de estrelas das Plêiades, que estão a mais de 4° a norte da eclítica, ocorrem durante um período relativamente breve, uma vez em cada período nodal.

LIMITES

Um eclipse só pode ocorrer quando a Lua está próxima do plano da órbita da Terra, ou seja, quando a sua latitude eclítica é pequena. Isto acontece quando a Lua está perto de um dos dois nodos da sua órbita na eclítica no momento da sizígia. É claro que, para produzir um eclipse, o Sol também deve estar perto de um nó nesse momento: o mesmo nó para um eclipse solar, ou o nó oposto para um eclipse lunar.

CONDIÇÕES PARA A OCORRÊNCIA DE UM ECLIPSE

É necessário determinar as condições que devem ser cumpridas pelo Sol, pela Lua e pela Terra para que ocorra um eclipse.

1) As longitudes do Sol e da Lua devem ser iguais (eclipse do Sol) ou separadas por 180^0 (eclipse da Lua);

2) As longitudes da Lua e de um dos nós da sua órbita devem coincidir.

Estas duas condições devem ser preenchidas simultaneamente. Se coincidirem apenas aproximadamente, o resultado será um eclipse parcial.

As condições para a proximidade da Lua de um dos seus nodos são diferentes para os eclipses lunares e solares, devido às diferenças entre os diâmetros lunares e terrestres. Se a longitude do nódulo for suficientemente próxima da longitude da Lua, ou seja, se

M - N < 110 para os eclipses do Sol

e se M - N < 150 para os eclipses da Lua

então pode ocorrer um eclipse, desde que a longitude do Sol, S, seja igual à longitude da Lua, M, com uma aproximação de 1800

Para atingir este objetivo, temos de calcular o seguinte, para cada dia de um ano:

a longitude geocêntrica do Sol, S

a longitude geocêntrica da Lua, M

a longitude do nó ascendente, N

Estes valores são calculados com base em elementos posicionais médios obtidos a partir de várias publicações.

Durante um eclipse solar total, nenhuma parte do Sol é visível, porque a Lua está na luz. Mas durante um eclipse lunar alguma luz atinge a Lua, difractada pela atmosfera da Terra, e por isso a Lua cheia eclipsada é visível como um disco avermelhado. Um eclipse lunar é visível em todo o hemisfério da Terra voltado para a Lua.

Enquanto durante um ano pode haver até cinco eclipses do Sol e sempre, há pelo menos dois, e no caso da Lua, pode haver até três eclipses da Lua ou nenhum. O número total de eclipses, solares e lunares, durante um ano não excede sete e pode ser apenas dois. Há mais eclipses solares do que lunares, mas estes últimos podem ser vistos com mais frequência devido às áreas restritas sobre as quais os eclipses solares são visíveis.

O Sol, a Terra e a Lua estão quase alinhados na linha dos nodos duas vezes em cada ano de eclipse de 346,6 dias. Isto é menos do que um ano civil devido à regressão dos nodos. A linha de regressão regressa aproximadamente à mesma posição em relação ao Sol, à Terra e à Lua.

Lua. Durante um período quase igual, denominado "saros", ocorre um ciclo de eclipses
EPHEMERIDES

Segue-se a página do mês de julho de 2009 Ephemeris (Tabela 1) a partir da qual podemos obter as longitudes do Sol, da Lua, da Terra e do Nodo para as datas 21st e 22nd para calcular as suas posições exactas às 06::25:44 AM 1ST i.e. 00:55:44 AM GMT do Eclipse Solar Total visível em Varanasi na Índia a 22 de julho de 2009.

As longitudes indicadas no quadro referem-se às 12 horas da meia-noite. São válidas para a Índia para as 5-30AM (1ST). O movimento de cada um dos 4 planetas precisa de ser derivado subtraindo os seus valores dados para 21st das suas posições em 22nd, o que dá o movimento para 24 horas. O passo seguinte é calcular o seu movimento para as 00:55:44 horas e adicionar o mesmo às suas posições indicadas para 22nd na tabela.

SWISS EPHEMERIS for the year 2009

JULY 2009 — **00:00 UT**

Day	Sid.t	☉	☽	☿	♀	♂	♃	♄	♅	♆	♇	☊	☊	⚸	⚷
W 1	18 36 44	9♋18'42	27♎42	24♊32	25♉17	22♉ 6	26°R37	16♍35	26°R37	26°R12	1°R47	0°R25	1♒23	19♑48	25°R44
T 2	18 40 40	10°15'54	10♏22	26°27	26°22	22°49	26♒34	16°39	26♓37	26♒11	1♑46	0♒23	1°20	19°55	25♒42
F 3	18 44 37	11°13'05	22°46	28°24	27°27	23°32	26°31	16°44	26°37	26°10	1°44	0°20	1°16	20° 2	25°40
S 4	18 48 33	12°10'17	4♐58	0♋23	28°32	24°14	26°28	16°48	26°37	26° 9	1°43	0°18	1°13	20° 8	25°38
S 5	18 52 30	13° 7'28	17° 1	2°25	29°37	24°57	26°24	16°53	26°37	26° 8	1°41	0°15	1°10	20°15	25°36
M 6	18 56 27	14° 4'40	28°57	4°29	0♊43	25°40	26°20	16°57	26°37	26° 7	1°40	0°13	1° 7	20°22	25°34
T 7	19 0 23	15° 1'51	10♑48	6°34	1°48	26°23	26°16	17° 2	26°37	26° 6	1°38	0°11	1° 4	20°28	25°32
W 8	19 4 20	15°59'02	22°36	8°41	2°54	27° 5	26°12	17° 7	26°36	26° 5	1°37	0°10	1° 0	20°35	25°30
T 9	19 8 16	16°56'13	4♒24	10°49	4° 0	27°48	26° 8	17°12	26°36	26° 3	1°35	0°D10	0°57	20°42	25°28
F 10	19 12 13	17°53'25	16°14	12°58	5° 6	28°30	26° 4	17°17	26°36	26° 2	1°34	0°11	0°54	20°48	25°26
S 11	19 16 9	18°50'37	28° 8	15° 7	6°12	29°13	25°59	17°22	26°35	26° 1	1°32	0°12	0°51	20°55	25°24
S 12	19 20 6	19°47'49	10♓11	17°17	7°19	29°55	25°54	17°27	26°35	26° 0	1°31	0°13	0°48	21° 1	25°21
M 13	19 24 2	20°45'01	22°25	19°26	8°25	0♊37	25°49	17°32	26°34	25°59	1°29	0°14	0°45	21° 8	25°19
T 14	19 27 59	21°42'14	4♈53	21°35	9°32	1°19	25°44	17°37	26°34	25°57	1°28	0°14	0°41	21°15	25°17
W 15	19 31 56	22°39'28	17°41	23°44	10°39	2° 1	25°39	17°42	26°33	25°56	1°27	0°R15	0°38	21°21	25°14
T 16	19 35 52	23°36'42	0♉50	25°52	11°46	2°43	25°33	17°48	26°32	25°55	1°25	0°15	0°35	21°28	25°12
F 17	19 39 49	24°33'57	14°24	27°59	12°53	3°25	25°28	17°53	26°31	25°53	1°24	0°14	0°32	21°35	25° 9
S 18	19 43 45	25°31'13	28°24	0♌ 5	14° 1	4° 7	25°22	17°59	26°31	25°52	1°22	0°14	0°29	21°41	25° 7
S 19	19 47 42	26°28'29	12♊49	2° 9	15° 8	4°49	25°16	18° 4	26°30	25°51	1°21	0°13	0°26	21°48	25° 4
M 20	19 51 38	27°25'46	27°36	4°12	16°16	5°31	25°10	18°10	26°29	25°49	1°20	0°13	0°22	21°55	25° 1
T 21	19 55 35	28°23'04	12♋39	6°14	17°23	6°12	25° 4	18°15	26°28	25°48	1°18	0°13	0°19	22° 1	24°59
W 22	19 59 31	29°20'22	27°49	8°14	18°31	6°54	24°58	18°21	26°27	25°47	1°17	0°D13	0°16	22° 8	24°56
T 23	20 3 28	0♌17'41	12♌57	10°12	19°39	7°35	24°52	18°27	26°26	25°45	1°16	0°R13	0°13	22°15	24°53
F 24	20 7 25	1°15'00	27°55	12° 9	20°47	8°17	24°45	18°33	26°25	25°44	1°14	0°13	0°10	22°21	24°51
S 25	20 11 21	2°12'20	12♍34	14° 4	21°55	8°58	24°39	18°39	26°24	25°42	1°13	0°13	0° 6	22°28	24°48
S 26	20 15 18	3° 9'40	26°50	15°58	23° 4	9°39	24°32	18°44	26°23	25°41	1°12	0°12	0° 3	22°35	24°45
M 27	20 19 14	4° 7'00	10♎40	17°49	24°12	10°20	24°25	18°50	26°22	25°39	1°11	0°12	0° 0	22°41	24°42
T 28	20 23 11	5° 4'21	24° 3	19°39	25°21	11° 1	24°18	18°57	26°21	25°38	1° 9	0°12	29♑57	22°48	24°40
W 29	20 27 7	6° 1'43	7♏ 1	21°28	26°29	11°42	24°11	19° 3	26°19	25°36	1° 8	0°D12	29°54	22°54	24°37
T 30	20 31 4	6°59'05	19°38	23°14	27°38	12°23	24° 4	19° 9	26°18	25°35	1° 7	0°12	29°51	23° 1	24°34
F 31	20 35 0	7♌56'27	1♐57	24♌59	28♊47	13♊ 4	23♒57	19♍15	26♓17	25♒33	1♑ 6	0♒12	29♑47	23♑ 8	24♒31

Delta T = 65.93 sec.

Movimento por dia, ou seja, 24 horas

Sol (290-20') - (280-23') = (000 - 57')

Lua (270 - 48') - (120 - 38') = (150 - 10')

Nó (000 - 19') - (000 - 16') = (000 -03')

Calcular o movimento para 00:55:44 (0,93 horas)

Sol: {(000 - 57')/24}x (0.93) = 2.3'

Lua: {(150 - 10')/24} x (0,93) = 00- 35'

Nó: {(000 - 03')/24}x (0.93) = 00 - 0.12'

Acrescentando o movimento para 00:55:44 (0.93hours) às posições dos Planetas no dia 22nd julho, 2009 às 06::25:44 AM 1ST

Sol: (290-20') + (000 - 2,3') = 290 - 22,3'

Lua: (270 - 48') + (000 - 35') = 280 - 23'

Nó: {(000 - 19') + (000 - 0.12') = 000 - 18.88'

CAPÍTULO 8
O MAIS LONGO ECLIPSE SOLAR TOTAL DESTE SÉCULO

ECLIPSE SOLAR TOTAL

Em 22.7.2009, às 08h05 IST (2h35 GMT) em Varanasi, ou seja, em 22.7.2009 Às, as longitudes do Sol e da Lua são iguais (Gráfico 1), o que é evidentemente a hora de início do Sukla Padyami (Gráfico 1).

7 PISCES	8 ARIES	9 TAURUS	10 MARS 6.58^0 VENUS 18.38^0
6 JUPITER 24.56^0 RAHU 0.15^0	VIRGO IS THE ASCENDANT		11 SUN 29.26^0 MOON 29.26^0
5 CAPRICORNUS			12 KETU 0.15^0 MERCURY 8.26^0
4 SAGITTARIUS	3 SCORPIO	2 LIBRA	1 ASCENDANT4.34^0 SATURN 18.21^0

Gráfico 1: Configuração planetária em 22.7.2009 (quarta-feira) na altura do Eclipse Solar Total quando as Longitudes do Sol e da Lua são iguais

O MAIS LONGO ECLIPSE SOLAR TOTAL DESTE SÉCULO

Um eclipse solar total será visível na Índia a 22 de julho de 2009, entre as 05:28 e as 07:40 da manhã (hora padrão indiana). O eclipse solar total durará quase quatro minutos - das 6h26 às 6h30 - na Índia e o sol não será visível de todo. Na Índia, o Eclipse Lunar Total será visível em Gujarat, Madhya Pradesh, Bihar, Varanasi, Bengala Ocidental e nos Estados do Nordeste. Segundo a NASA, o eclipse solar de 22 de julho de 2009 é um "Eclipse Solar Total" e a sombra umbral da Lua sobre o Sol começa na Índia e atravessa o Nepal, Bangladesh, Butão, Myanmar, China e termina no Oceano Pacífico.

Aqui, a Lua passa entre a Terra e o Sol (ou seja, chega à Lua Nova) num ponto da sua órbita elíptica em que está relativamente perto da Terra. Ao fazê-lo, projecta uma sombra. A parte *umbral* da sombra (a *umbra*) é a área onde o Sol é totalmente obscurecido pela Lua. Durante um eclipse total, a Lua está suficientemente perto da Terra para que parte da umbra incida sobre a Terra; em termos técnicos, dizemos que a sua *magnitude* é maior ou igual a 1.000. As pessoas que se encontram nessas partes da Terra, dentro da umbra, vêem a face do Sol completamente escondida pela Lua num eclipse total do Sol.

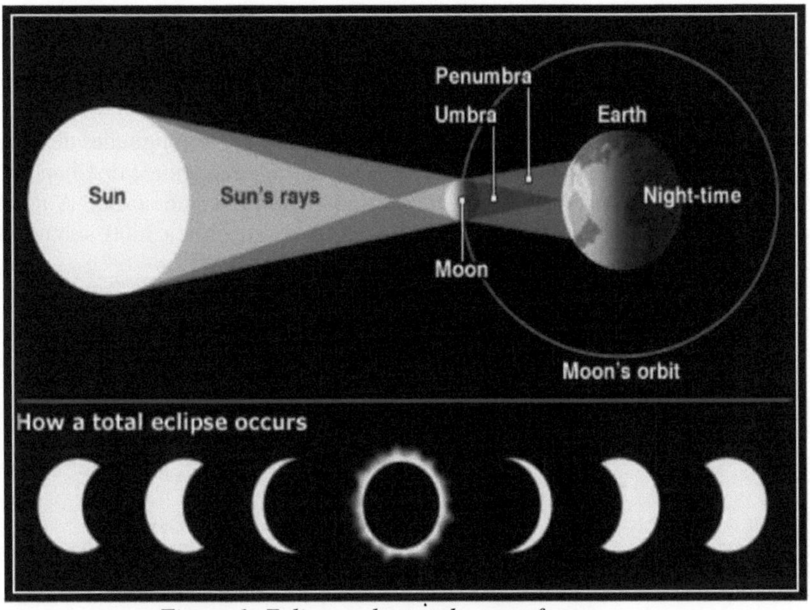

Figura 1: Eclipse solar total e suas fases

É o eclipse solar total mais longo do século XXI e só será ultrapassado em duração nos próximos 123 anos. O eclipse solar total na Índia será visível nas regiões em torno de Bhopal (Madhya Pradesh), Surat (Gujarat), Darjeeling (Bengala Ocidental), Varanasi (Uttar Pradesh) e Patna (Bihar). A maioria das regiões da Índia não terá uma visão do eclipse solar total. De acordo com os dados da NASA, o eclipse será parcial em Bombaim, Pune, Hyderabad, Bangalore, Ahmedabad, Deli, Calcutá e Chennai.

DADOS SOBRE O ECLIPSE SOLAR TOTAL

O eclipse começa às 05:30:03 AM

O Eclipse Solar Total começa às 06:24:10 AM

Maior fase do eclipse às 06:25:44 AM

O Eclipse Solar Total termina às 06:27:17 AM

O eclipse termina às 07:27:34 AM

Com os dados do eclipse total, devemos calcular os cinco elementos do *Panchangam* utilizando as Tabelas aqui fornecidas.

Normalmente, nos Panchangams, é prática corrente indicar as posições dos planetas a uma determinada hora do dia. A efeméride suíça ou de Rafael dá as Longitudes Sayana às 0:0 horas GMT (ou hora universal 0:0 h). Isto corresponde às 5:30AM IST.

Para calcular o Tithi, devemos sempre subtrair a longitude de Ravi à de Chandra.

MOVIMENTO DIÁRIO DE RAVI E CHANDRA

Temos de consultar as efemérides e anotar a longitude de qualquer planeta para o dia e para o dia seguinte. A diferença entre as duas dá-nos o movimento diário do planeta.

TITHI

O Tithi é calculado a partir da distância entre Chandra e Ravi. Para cada

A distância de 12 de Chandra ao Ravi Tithi muda. O Tithi começa em Sukla (Suddha)

Padyami para as primeiras 12 distâncias e continua; as 12 seguintes são Sukla Vidiya e assim por diante.

ADIÇÃO E SUBTRACÇÃO DE LONGITUDES

Nos cálculos astrológicos, torna-se necessário somar ou subtrair uma longitude a outra. Por exemplo, para conhecer o Yoga num dia, temos de somar as longitudes de Chandra e Ravi. Para conhecer o Tithi de um dia, temos de subtrair a longitude de Chandra à de Ravi. Embora seja trivial, para completar, vamos explicar como se faz. A adição é simples. Se a soma das longitudes de Chandra e Ravi for superior a 3600, subtrair 3600 à soma. Pegue no valor resultante para descobrir o Yoga.

CHATER 9
REQUISITOS PARA A DETERMINAÇÃO DE TITHI, NAKSHTRA, KARANA, YOGA E RAHUKALAMS

TABELA DE TITHIS

Note-se que o ponto de partida dos Tithis é relativo e depende das posições de Chandra e Ravi. O ponto de partida do primeiro Tithi Sukla (Suddha) Padyami é sempre contado a partir da longitude de Ravi, independentemente da sua posição no zodíaco celeste.

TABELA DE NAKSHATRAMS

Para saber qual o Nakshatram que prevalece num determinado dia, consulte as efemérides e anote a longitude de Chandra. Se for a efeméride suíça, não há necessidade de subtrair Ayanamsa. Consulte a Tabela de Nakshatras e descubra o Nakshatram correspondente a essa longitude. Para a data de 22.07.2009 dada, a longitude sideral ou Nirayana de Chandra é Punarvasu como Nakshatram e Rasi é o início de Karkatakam...

Note-se que Krithika, Mrigasira, Punarvasu, Uttara, Chitta, Visakha,
Uttarashada, Dhanista e Purvabhadra estendem a sua duração a dois Rasis. Quando Chandra está em oposição a Ravi, temos Poornima (punnami). Se estiverem em conjunção no mesmo Rasi, temos Amavasya.

TABELA DE KARANAS

Note-se que existem dois karanas por Tithi. Como cada Tithi dura 120, o primeiro Karana dura até aos primeiros 60 do Tithi e o segundo Karana dura até ao fim do Tithi (segunda metade).

TABELA DE YOGAS

Note-se que o ponto de partida do primeiro Yoga (Vishkambha) é sempre 00 Mesham (Carneiro). Seguem-se os outros Yogas.

Para calcular o Yoga,

1. Acrescentar as longitudes de Chandra e Ravi.
2. Se a soma for superior a 3600, subtrair 3600 à soma.
3. Dividir a soma resultante por 130 - 20'.
4. O quociente dá o número de Yogas decorridos e o quociente + 1 dá do Yoga atual. Resto dá os graus decorridos no Yoga atual.

TABELA DE RAHUKALAM

Todos os Panchangams indicam normalmente Gulika, Yama Gandam e Rahu Kalam. A hora de início e a duração de todos estes Kalams dependem do dia da semana, da duração do dia e da noite desse dia.

Destes, o Rahu Kalam é o mais importante. A duração do dia efetivo é do nascer ao pôr do sol. Esta duração está dividida em oito partes e cada parte é chamada octante. Há oito planetas, quando Rahu e Ketu são tratados em conjunto como um único planeta, mas só há sete dias na semana. Por conseguinte, em qualquer dia da semana, o Rahu Kalam só é calculado depois de se acrescentar um octante ao nascer do Sol. As horas de início e de fim do Rahu Kalam são indicadas na tabela seguinte.

TABELA DE TITHIS			
Sl. Não.	TIITHI	DISTÂNCIA ENTRE CHANDRA E RAVI	
		Longitude do Ravi	Longitude de Chandra
1	Sukla (Suddha) Padyami	00 a 12	00 a 720
2	Sukla (Suddha) Vidiya	12 a 24	720 a 1440
3	Sukla (Suddha) Tadiya	24 a 36	1440 a 2160
4	Sukla (Suddha) Chavithi	36 a 48	2160 a 2880
5	Sukla (Suddha) Panchami	48 a 60	2880 a 3600
6	Sukla (Suddha) Shashti	60 a 72	3600 a 4320
7	Sukla (Suddha) Saptami	72 a 84	4320 a 5040
8	Sukla (Suddha) Ashtami	84 a 96	5040 a 5760
9	Sukla (Suddha) Navami	96 a 108	5760 a 6480
10	Sukla (Suddha) Dasami	108 a 120	6480 a 7200

11	Ekadasi de Sukla (Suddha)	120 a 132	7200 a 7920
12	Sukla (Suddha) Dwadasi	132 a 144	7920 a 8640
13	Sukla (Suddha) Triodasi	144 a 156	8640 a 9360
14	Sukla (Suddha) Chaturdasi	156 a 168	9360 a 10080
15	Poornima (Punnama)	168 a 180	1008 a 10800
16	Krishna (Bahula) Padyami	180 a 192	10800 a 11520
17	Krishna (Bahula) Vidiya	192 a 204	11520 a 12240
18	Krishna (Bahula) Tadiya	204 a 216	12240 a 12960
19	Krishna (Bahula) Chavithi	216 a 228	12960 a 13680
20	Krishna (Bahula) Panchami	228 a 240	13680 a 14400
21	Krishna (Bahula) Shashti	240 a 252	14400 a 15120
22	Krishna (Bahula) Saptami	252 a 264	15120 a 15840
23	Ashtami de Krishna (Bahula)	264 a 276	15640 a 16560

24	Krishna (Bahula) Navami	276 a 288	16560 a 17280
25	Dasami de Krishna (Bahula)	288 a 300	17280 a 18000
26	Ekadasi de Krishna (Bahula)	300 a 312	18000 a 18720
27	Krishna (Bahula) Dwadasi	312 a 324	18720 a 19440
28	Krishna (Bahula) Triodasi	324 a 336	19440 a 20160
29	Chaturdasi de Krishna (Bahula)	336 a 348	20160 a 20880
30	Amavasya	348 a360	20880 a 21600

TABELA DE NAKSHATRAMS				
S.N.	NOME DO NAKSHATRAM	RASI	INTERVALO DENTRO DO RASI	INTERVALO ABSOLUTO NO ZODÍACO
1	Aswini	Mesão	00-00 a 13-20	00-00 a 13-
2	Bharani	Mesão	13-20 a 26-40	13-20 a 26-
3	Krithika	Mesão	26-40 para 30-00	26-40 a 30-

		Vrishabham	00-00 a 10-00	30-00 a 40-
4	Rohini	Vrishabham	10-00 a 23-20	40-00 a 53-
5	Mrigasira	Vrishabham	23-20 a 30-00	53-20 a 60-
		Mithunam	00-00 a 6-	60-00 a 66-
6	Ardra	Mithunam	6-40 a 20-	66-40 a 80-
7	Punarvasu	Mithunam	20-00 a 30-00	80-00 a 90-
		Karkatakam	00-00 a 3-	90-00 a 93-
8	Pushyami	Karkatakam	3-20 a 16-	93-20 a 106-40
9	Aslesha	Karkatakam	16-40 para 30-00	106-40 a 120-00
10	Makha	Simham	00-00 a 13-20	120-00 a 133-20
11	Pubba	Simham	13-20 a 26-40	133-20 a 146-40
12	Uttara	Simham	26-40 para 30-00	146-40 a 150-00

		Kanya	00-00 a 10-00	150-00 a 160-00
13	Hasta	Kanya	10-00 a 23-20	160-00 a 173-20
14	Chitta	Kanya	23-20 a 30-00	173-20 a 180-00
		Thula	00-00 a 6-	180-00 a 186-40
15	Swathi	Thula	6-40 a 20-	186-40 a 200-00
16	Visakha	Thula	20-00 a 30-00	200-00 a 210-00
		Vrischikam	00-00 a 3-	210-00 a 213-20
17	Anuradha	Vrischikam	3-20 a 16-	213-20 a 226-40
18	Jyesta	Vrischikam	16-40 para 30-00	226-40 a 240-00
19	Moola	Dhanus	00-00 a 13-20	240-00 a 253-20
20	Poorvashatda	Dhanus	13-20 a 26-40	253-20 a 266-40
21	Uttarashatda	Dhanus	26-40 para 30-00	266-40 a 270-00

		Makaram	00-00 a 10-00	270-00 a 280-00
22	Sravanam	Makaram	10-00 a 23-20	280-00 a 293-20
23	Dhanishta	Makaram	23-20 a 30-00	293-20 a 300-00
		Kumbham	00-00 a 6-	300-00 a 306-40
24	Satabhisham	Kumbham	6-40 a 20-	306-40 a 320-00
25	Poorvabhadra	Kumbham	20-00 a 30-00	320-00 a 330-00
		Meenam	00-00 a 3-	330-00 a 333-20
26	Uttarahadra	Meenam	3-20 a 16-	333-20 a 346-40
27	Revathi	Meenam	16-40 para 30-00	346-40 a 360-00

TABELA DE KARANAS

Sl. Nã o.	TITHI	KARANA-1 (PRIMEIRA METADE DO TITHI)	KARANA-2 (SEGUNDA METADE DO TITHI)

1	Sukla (Suddha) Padyami	Kimstugna	Bava
2	Sukla (Suddha) Vidiya	Balava	Kauvala
3	Sukla (Suddha) Tadiya	Taitila	Gara
4	Sukla (Suddha) Chavithi	Vanija	Vishti (Bhadra)
5	Sukla (Suddha) Panchami	Bava	Balava
6	Sukla (Suddha) Shashti	Kauvala	Taitila
7	Sukla (Suddha) Saptami	Gara	Vanija
8	Sukla (Suddha) Ashtami	Vishti (Bhadra)	Bvva
9	Sukla (Suddha) Navami	Balava	Kauvala

10	Sukla (Suddha) Dasami	Taitila	Gvra
11	Ekadasi de Sukla (Suddha)	Vanija	Vishti (Bhadra)
12	Sukla (Suddha) Dwadasi	Bava	Balava
13	Sukla (Suddha) Triodasi	Kauvala	Taitila
14	Sukla (Suddha) Chaturdasi	Gara	Vanija
15	Pournami (Punnami)	Vishti (Bhadra)	Bava
16	Krishna (Bahula) Padyami	Balava	Kauvala
17	Krishna (Bahula) Vidiya	Taitila	Gara
18	Krishna (Bahula) Tadiya	Vanija	Vishti (Bhadra)

19	Krishna (Bahula) Chavithi	Bava	Balava
20	Krishna (Bahula) Panchami	Kauvala	Taitila
21	Krishna (Bahula) Shashti	Gara	Vanija
22	Krishna (Bahula) Saptami	Vishti (Bhadra)	Bava
23	Ashtami de Krishna (Bahula)	Balava	Kauvala
24	Krishna (Bahula) Navami	Taitila	Gara
25	Dasami de Krishna (Bahula)	Vanija	Vishti (Bhadra)
26	Ekadasi de Krishna (Bahula)	Bava	Balava
27	Krishna (Bahula) Dwadasi	Kauvala	Taitila

28	Krishna (Bahula) Triodasi	Gara	Vanija
29	Chaturdasi de Krishna (Bahula)	Vishti (Bhadra)	Sakuna
30	Amavasya	Chatushpada	Naga

TABELA DE YOGAS

S.N.	SOMA DAS LONGITUDES DE CHANDRA E RAVI (LONG. DE CHANDRA + LONG. DE RAVI)		NOME DO YOGA
	Em graus	Em minutos	
1	00-00 a 13-20	000 a 800	Vishkambha
2	13-20 a 26-40	800 a 1600	Preeti
3	26-40 a 40-00	1600 a 2400	Ayushman
4	40-00 a 53-20	2400 a 3200	Soubhagya
5	53-20 a 66-40	3200 a 4000	Sobhana

6	66-40 a 80-00	4000 a 4800	Atiganda
7	80-00 a 93-20	4800 a 5600	Sukarma
8	93-20 a 106-40	5600 a 6400	Dhrithi
9	106-40 a 120-00	6400 a 7200	Soola
10	120-00 a 133-20	7200 a 8000	Ganda
11	133-20 a 146-40	8000 a 8800	Vriddhi
12	146-40 a 160-00	8800 a 9600	Dhruva
13	160-00 a 173-20	9600 a 10400	Vyaghata
14	173-20 a 186-40	10400 a 11200	Harshana
15	186-40 a 200-00	11200 a 12000	Vajra
16	200-00 a 213-20	12000 a 12800	Siddhi
17	213-20 a 226-40	12800 a 13600	Vyatipata

18	226-40 a 240-00	13600 a 14400	Variyana
19	240-00 a 253-20	14400 a 15200	Parigha
20	253-20 a 266-40	15200 a 16000	Siva
21	266-40 a 280-00	16000 a 16800	Siddha
22	280-00 a 293-20	16800 a 17600	Sadhya
23	293-20 a 306-40	17600 a 18400	Subha
24	306-40 a 320-00	18400 a 19200	Sukla
25	320-00 a 333-20	19200 a 20000	Brahma
26	333-20 a 346-40	20000 a 20800	Indra
27	346-40 a 360-00	20800 a 21600	Vaidhrithi

TABELA DE AMRITA GADIYAS E VARJYAM
HORÁRIOS DE INÍCIO PARA UM DIA DE 24 HORAS

S.N.	NAKSHATRAM	AMRITA GADIYAS (x) ------------ Hrs-------------	VARJYAM x Hrs
1	Aswini	16.8	20
2	Bharani	19.2	9.6
3	Krittika	21.6	12
4	Rohini	20.8	16
5	Mrigasira	15.2.	5.6
6	Ardra	14.0	8.4
7	Punarvasu	21.6	12
8	Pushyami	17.6	8.0
9	Aslesha	22.4	12.8
10	Makha	21.6	12.0
11	Pubba	17.6	8.0
12	Uttara	16.8	7.2

13	Hasta	18.0	8.4
14	Chitta	17.6	8.0
15	Swati	15.2	5.6
16	Visakha	15.2	5.6
17	Anuradha	13.6	4.0
18	Jyeshta	15.2	5.6
19	Moola	17.6	8.0
20	Poorvashadha	19.2	9.6
21	Uttarashadha	17.6	8.0
22	Sravana	13.6	4.0
23	Dhanishta	13.6	4.0
24	Satabhisha	16.8	7.2
25	Poorvabhadra	16.0	6.4
26	Uttarabhadra	19.2	9.6

27	Revati	21.6	12.0

TABELA DE RÀHU KÀLAM		
DIA	HORA DE INÍCIO (HORAS)	HORA DE FIM (HORAS)
Domingo	Nascer do sol + sete octantes	Nascer do sol + oito octantes
Segunda-feira	Nascer do sol +um octante	Nascer do sol +dois octantes
Terça-feira	Nascer do sol + seis octantes	Nascer do sol + sete octantes
Quinta-feira	Nascer do sol + quatro octantes	Nascer do sol + cinco octantes
Quarta-feira	Nascer do sol + cinco octantes	Nascer do sol + seis octantes
Sexta-feira	Nascer do sol + três octantes	Nascer do sol + quatro octantes
Sábado	Nascer do sol + dois octantes	Nascer do sol + três octantes

TABELA DOS NOMES DOS NAKSHATRAMS

NAKSHATRAMS (CADA UM MEDE 130-20' DE ARCO)

1. Aswini	10. Makha	19. Moola
2. Bharani	11. Pubba	20. Purvashadha
3. Krithika	12. Uttara	21. Uttarashadha
4. Rohini	13. Hasta	22. Sravanam
5. Mrigasira	14. Chitta	23. Dhanista
6. Ardra	15. Swathi	24. Satabhisham
7. Punarvasu	16. Visakha	25. Purvabhadra
8. Pushyami	17. Anuradha	26. Uttarabhadra
9. Aslesha	18. Jyesta	27. Revathi

CAPÍTULO 10
DETERMINAÇÃO DOS CINCO ELEMENTOS DO ALMANAQUE

TABELA DE TITHIS

Note-se que o ponto de partida dos Tithis é relativo e depende das posições de Chandra e Ravi. O ponto de partida do primeiro Tithi Sukla (Suddha) Padyami é sempre contado a partir da longitude de Ravi, independentemente da sua posição no zodíaco celeste.

NAKSHATRAM

Para saber o Nakshatram que prevalece em qualquer dia, procure nas Efemérides e anote a longitude de Chandra. Se for a Efeméride Suíça, não há necessidade de subtrair o Ayanamsa. Consulte a Tabela de Nakshatras e descubra o Nakshatram correspondente a essa longitude. Para a data de 22.07.2009 dada, a longitude sideral ou Nirayana de Chandra é Punarvasu como Nakshatram e Rasi é o início de Karkatakam... Note-se que Krithika, Mrigasira, Punarvasu, Uttara, Chitta, Visakha, Uttarashada, Dhanista e Purvabhadra estendem a sua duração a dois Rasis. Quando Chandra está em oposição a Ravi, temos Poornima (punnami). Se estiverem em conjunção no mesmo Rasi, temos Amavasya.

TABELA DE KARANAS

Note-se que existem dois karanas por Tithi. Como cada Tithi dura 120, o primeiro Karana dura até aos primeiros 60 do Tithi e o segundo Karana dura até ao fim do Tithi (segunda metade).

TABELA DE YOGAS

De notar que o ponto de partida do primeiro Yoga (Vishkambha) é sempre 00 Mesham (Carneiro). Seguem-se os outros Yogas.

TABELA DE AMRITA GADIYAS E VARJYAM

A tabela de Amrita Gadiyas e Varjyam para os horários de início de cada Nakshatram é dada. A tabela apresenta os horários em horas. A tabela indica a hora de início do Amrita Gadiyas ou Varjyam quando a duração

de Nakshatram é de 24 horas. Deve entender-se que a hora de início (x) indicada no quadro deve ser adicionada à hora de início do Nakshatram para se chegar à hora de início do Amrita Gadiyas ou do Varjyam, consoante o caso.

RAHU KALAM E DURMUHURTHAM

Todos os Panchangams indicam normalmente o Gulika, o Yama Gandam e o Rahu Kalam. A hora de início e a duração de todos estes kalams dependem do dia da semana, da duração do dia e da noite desse dia.

Destes, Rahu Kalam é o mais importante. A duração do dia efetivo é do nascer ao pôr do sol. Esta duração está dividida em oito partes e cada parte é chamada de octante. Há oito planetas, quando Rahu e Ketu são tratados em conjunto como um único planeta, mas só há sete dias na semana. Por conseguinte, em qualquer dia da semana, o Rahu Kalam só é calculado depois de se acrescentar um octante ao nascer do Sol. As horas de início e de fim do Rahu Kalam são indicadas na tabela.

CAPÍTULO 11
PONTO DE REFERÊNCIA PARA FUTUROS CÁLCULOS DE CINCO ELEMENTOS DO ALMANAQUE

1. TITHI EM 22.07.2009
O Eclipse Solar Total ocorre a 22.7.2009, às 8.05h IST
em Varanasi, ou seja, em 22.7.2009 às 2.35 AM GMT
8h.5mts ou 2h-35mts GMT Início do Suddha Padyami
DMC = 15d10' DMR= 0d57' DMC -- DMR = 15d10m' - 0d57' = 14d13'durante 24 horas
Duração do Padyami = 12d Tempo necessário para cobrir 12d = (12-14d13') x 24
= (720' - 853') x 24h = 21h 6'
O Sukla (Suddha) Padyami começa às 8h-05mts IST de 22.7.2009 e
termina às 5-11AM IST em 23.7.2009

2. KARANA
Das 8h.5mts AM IST de 22.7.2009 às 6h38mts PM, é Kimstugna
e das 18h38m às 5h11m de 23.7.2009, é Bava karana.

3. NAKSHATRAM
Longitude absoluta de Chandra: Aslesha 4th Quarter (Não Punarvasu)
O Aslesha Nakshatram começa em 106^0 40'e dura até 120^0 0mts.
Graus de equilíbrio de Aslesha = (1200 - 0') - (1190 - 26') = 00 - 34'
O movimento diário de Chandra em 22-7-2009, como mencionado acima, é 150 - 10'
Hora do fim do Nakshatra = Graus restantes DMC
(00 -34'-150 - 10')24 = 0h-54mts
Aslesha termina em 8h-5mts + 0h-54mts = 8h -59AM em 22.7.2009
Aslesha termina às 8h -59AM de 22.7.2009

4. YOGA
Diferença entre o comprimento da lua e o comprimento do sol = 0d
Soola Yoga de 106d 40' a 120d 00'
O Soola Yoga termina às 0h 54 mts, ou seja, 8h-5mts + 0h 54mts= 8h 59 mts.
O Soola Yoga termina às 8h 59 mts AM

5. RAHUKALAM EM 22.07.2009, QUARTA-FEIRA
Hora do nascer do sol em Chennai: 05:52:55; Hora do pôr do sol: 18:37:36 em Chennai
Dia = (18-37-36) - (5-52-55) = 12h-44m-41s = 8 Octantes
Extensão de um Octante = SR-SS = 12h-44m-41s ^ 8 = 1h - 35m - 35s
Por conseguinte, a partir do quadro, os horários de Rahukalam para quarta-feira começam em (nascer do sol + 5 octantes) e terminam em (nascer do sol + 6 octantes)
Começa às (5h-52m-55s) + 5 (1h - 35m - 35s) = 1h-49m-30s PM
Termina em (5h-52m-55s) + 6 (1h - 35m - 35s) = 3h-25m-05s PM
A observância convencional do Rahukalam é astronomicamente incorrecta, pois a quarta-feira vem antes da quinta-feira, ao passo que a realidade é que a quarta-feira vem depois da quinta-feira; por conseguinte, a sequência total do Rahukalam é: segunda-feira, sábado, sexta-feira, quinta-feira, quarta-feira, terça-feira e domingo.

TRÂNSITOS DE PLANETAS EM 2009

23 de julho: o Sol entra no signo Leão (120)°

23 de julho: a Lua entra no signo Leão (120)°

18 de julho: Mercúrio entra no signo Leão (120)°

06 de julho: Vénus entra no signo de Gémeos (60)°

13 de julho: Marte entra no signo de Gémeos (60)°

27 de julho: Rahu entra no signo de Aquário (300)°

PONTO DE REFERÊNCIA PARA FUTUROS CÁLCULOS DE PANCHANGAM

Como já foi referido noutra parte do texto, o calendário Vikrami apresenta atualmente um erro acumulado de 23 dias. É necessário rectificá-lo para o alinhar com o céu real e observado. São necessários dois passos: 1. uma duração do ano muito precisa deve ser usada como entrada para a elaboração dopanchanga.

2. para eliminar o erro acumulado de 23 dias. Os cinco elementos principais foram trabalhados com muita precisão para 22nd julho de 2009, quando o Eclipse Solar Total aconteceu em Varanasai. Nilakantha Somayajin aconselhou os *Panchanga Kartas* a desenvolverem um trabalho correto dos seus cálculos, tirando partido do eclipse. Além disso, Varahamihira, astrólogo e astrónomo indiano por excelência, ordenou aos *Panchanga Kartas* que baseassem os seus cálculos no Zodíaco Tropical e não se cingissem cegamente a Asvini como primeiro asterismo.

BIBLIOGRAFIA

Espenak, F., and Meeus, J., Five Millennium Canon of Solar Eclipses: - 1999 to +3000 (2000 BCE to 3000 CE), NASA Tech. Pub. 2006-214141, NASA Goddard Space Flight Center, Greenbelt, Maryland (2006).

Espenak, F., and Meeus, J., Five Millennium Catalog of Solar Eclipses: - 1999 to +3000 (2000 BCE to 3000 CE), NASA Tech. Pub. 2008-214170, Centro de Voo Espacial Goddard da NASA, Greenbelt, Maryland (2008).

Gingerich, O., (Tradutor), Canon of Eclipses, Dover Publications, Nova Iorque (1962) (do original de T.R. von Oppolzer, livro, Canon der Finsternisse, Wien, [1887]).

lyengar, R.N. "Internal Consistency of Eclipses and Planetary positions in Mahibhirata" IJHS, 38.2(2003) 77-1 15.

Kak, S, Astronomical Code of the Rgveda, Munshiram Manoharlal Pubn. Nova Deli

Kashyap, R. L., "Essence of Veda", artigo disponível em (http://www.vedah.com/org/ Iiteratura/essência/toc.asp)

Meeus, J., Mathematical Astronomy Morsels III, Willmann-Bell, pp. 109111, (2004).

Meeus, J., Grosjean, C.C., e Vanderleen, W., Canon of Solar Eclipses, Pergamon Press, Oxford, Reino Unido (1966).

Muriel M. Underhill, The Hindu Religious Year, Association Press, Calcutá, 1921.

Rao, Y.H. e Rao, Y.V.S. (2004), "Astrology on the Moving Zodiac" (The One System for the East and the West), Publicação do autor. ISBN 817525-939-66

Rao. Y. V. S, (2017), Vedic Paradigm, Publn: Lambert Academic Publishers, Alemanha Ocidental ISBN 978-620-2-00775-7

Rgveda Samhitci, texto sânscrito com Anukramani e contagem de sílabas, Chowkhamba Samskrta Pratisthan N.Delhi, 2002.

R.T.H. GriEth, Hymns of the Rgveda, Munshiram Manoharlal Publn. N.Delhi 1999.

Sarma, K.V. "A Survey of Source Materials" IJHS, 20.1-4 (1985) 1-20.

Shama Shastry. R, Drapsa: O Ciclo Védico dos Eclipses, Panchacharya Electric Press, Mysore 1938.

Sri Aurobindo, Hymns to the Mystic Fire, S.A.Ashram, Pondicherry, 19982000.

Usha-Shashi, "Hindu Astrological Calculations (According to Modern Methods)", Sagar Publ., New Delhi, 1978.

Vedanga Jyotisa, texto com tradução de T.S.K.Sastry, (ed.) K.V.Sarma, INSA, N.Delhi-12.

Walther E. van Wijk, "On Hindu Chronology, I-V", Ata Orientalia, 19221927

Wilson, H. H., Rgveda Samhitii, tradução inglesa, 1850, (www.archive.org/textsl)

ॐ नमो भगवते वासुदेवाय

ओम् तत् सत्

ॐ शान्तिः शान्तिः शान्तिः !!

Authored this work in memory of my wife

SOBRE O LIVRO

Todos os *Panchangas* (almanaques) indianos, qualquer que seja a sua variedade, são um desvio total do céu observado. A diferença atual entre o *Makara Samkranti (Uttarayana* - Solstício de inverno) de 14 de janeiro e o atual de 22 de dezembro pode não ser significativa, mas cerca de 9000 anos mais tarde. O Solstício de inverno ocorrerá a 22 de junho. Qualquer pessoa pode imaginar o absurdo que isso seria. Assim, um novo *Panchanga* baseado no Zodíaco Móvel, tal como foi ordenado por Varahamihira, astrólogo e astrónomo indiano por excelência, é a necessidade do momento. Os rituais do templo ou domésticos são essencialmente regidos por dois componentes importantes, nomeadamente, o procedimento ritual e o tempo de *muhurta* para o ritual, sendo este último o mais importante dos dois. Quando a hora *muhurta* se desvia, os resultados desviam-se. Quando os resultados se desviam, a ordem mundial é perturbada. O almanaque utilizado para o efeito deve estar isento de erros. Este livro "Almanaque indiano infalível" é uma exposição da conceção de um almanaque sem erros na própria terra da sua glória.

SOBRE O AUTOR

Dr. Y. V. Subba Rao, Ph.D., FIE, C.Eng. (I), Engenheiro de Minas, Gestor de Minas e Inspetor de Minas certificado pelo Governo da Índia. Aprendeu Astrologia Védica com o seu pai desde muito cedo. Estudou Geologia e Astronomia como parte do seu currículo de engenharia.
Foi membro do corpo docente do Departamento de Engenharia de Minas da Universidade de Osmania e, mais tarde, do Departamento de Geologia da Universidade de S. V., Índia. Reformou-se como Engenheiro Executivo, Centro de Ciência e Instrumentação da Universidade, Universidade de S. V., Índia, após a reforma em 1996. É antigo professor convidado de Jyotish. Rashtriya Sanskrit Vidyapeeth, Tirupati. É autor de vários livros sobre Veda-Sciences e da sua obra recente "Live Vedanta: Prevent Population Explosion", "Magus of Astromagnetism" e "Vedic Paradigm" foram publicados pela Lambert Academic Publications, Alemanha Ocidental. Tem vários artigos de investigação sobre as Ciências Védicas publicados em revistas indianas e internacionais de grande impacto dos EUA e do Reino Unido.
É membro vitalício do Conselho Indiano da Sociedade Astrológica, membro da Instituição de Engenheiros (Índia) - Divisão de Minas e Metalurgia. Membro da Electron Microscope Society of India e membro da National Manuscripts Mission ("namami"), Ministério da Cultura, Governo da Índia.
Email de contacto: yvsubbarao2004@yahoo.com

MIX
Papier aus verantwortungsvollen Quellen
Paper from responsible sources
FSC® C105338

Printed by Books on Demand GmbH, Norderstedt / Germany